纺织服装类"十四五"部委级规划教材

数智时尚系列丛书

服饰图案设计
Procreate创作与AI赋能

刘偲毓 著

东华大学出版社
·上海·

图书在版编目（CIP）数据

服饰图案设计：Procreate创作与AI赋能 / 刘偲毓著. -- 上海：东华大学出版社, 2025.3. -- ISBN 978-7-5669-2274-8

Ⅰ. TS941.2-39

中国国家版本馆CIP数据核字第2025D20684号

责 任 编 辑：徐建红
书 籍 设 计：刘偲毓

出　　　版：东华大学出版社（地址：上海市延安西路1882号 邮编：200051）
本 社 网 址：dhupress.dhu.edu.cn
天猫旗舰店：http://dhdx.tmall.com
销 售 中 心：021-62193056　62373056　62379558
印　　　刷：上海颛辉印刷厂有限公司
开　　　本：889mm×1194mm　1/16
印　　　张：11
字　　　数：268千字
版　　　次：2025年3月第1版
印　　　次：2025年3月第1次
书　　　号：ISBN 978-7-5669-2274-8
定　　　价：98.00元

《数智时尚系列丛书》编委会

主编　　王朝晖（东华大学）
　　　　刘　郴（浙江凌迪数字科技有限公司）

副主编　刘凯旋（西安工程大学）
　　　　吴　俊（上海视觉艺术学院）
　　　　罗　密（江西服装学院）
　　　　丁　玮（大连工业大学）

编委　　刘晓强（东华大学）
　　　　傅　炯（上海交通大学）
　　　　刘丽娴（浙江理工大学）
　　　　杨青青（上海戏剧学院）
　　　　张　宁（江西服装学院）
　　　　刘玉琪（中央美术学院）
　　　　邵新艳（北京服装学院）
　　　　胡潮江（江西服装学院）
　　　　薛小博（上海视觉艺术学院）
　　　　解鸿远（大连工业大学）
　　　　杨天奇（上海视觉艺术学院）
　　　　安　博（华东师范大学）
　　　　杜　明（东华大学）
　　　　许才国（宁波大学）
　　　　王　涛（壹衿时尚教育）
　　　　马建栋（北京服装学院）
　　　　黄　伟（江西服装学院）
　　　　刘偲毓（壹衿时尚教育）
　　　　肖　平（东华大学）
　　　　尹　枫（东华大学）
　　　　张　颖（东华大学）
　　　　刘　夙（上海视觉艺术学院）
　　　　李林臻（上海视觉艺术学院）
　　　　刘　众（上海视觉艺术学院）
　　　　朱旭琪（北京清博智能科技有限公司）
　　　　吴　龙（西安工程大学）
　　　　文淑丽（江西服装学院）
　　　　张海军（江西服装学院）
　　　　李琳琳（江西服装学院）
　　　　尤可可（北京石油化工学院）
　　　　曾　丽（广州市纺织服装职业学校）
　　　　唐吉群（广州市纺织服装职业学校）

目录

图案设计概述

1.1 图案的概念与发展 8
1.2 时尚产业中的图案作品 12
1.3 数智工具赋能图案创作 17

图案设计基础

3.1 图案色彩构成 42
3.2 基本图形元素 50
3.3 构图原则 58
3.4 组织类型 64

认识 Procreate

2.1 界面介绍 20
2.2 快捷手势 22
2.3 速创形状 23
2.4 笔刷介绍 24
2.5 基础调色教程一 26
2.6 基础调色教程二 28
2.7 四方连续接版教程一 30
2.8 四方连续接版教程二 34
2.9 图案填充教程 38

图案设计风格探索

4.1 图案设计手法分类 76
4.2 流体液化 78
4.3 剪影轮廓 86
4.4 白描勾线 94
4.5 涂鸦笔触 102
4.6 水彩效果 110
4.7 模糊晕染 118

图案设计与服装工艺

5.1 图案相关的服装工艺概述.........128
5.2 镂空绣工艺..................130
5.3 蕾丝工艺....................134
5.4 珠片绣工艺..................138
5.5 拼花工艺....................142

主题图案的构思与表现

6.1 设计灵感...............148
6.2 系列主图创作...........150
6.3 系列延展设计...........154
6.4 服装效果图制作.........156
6.5 配饰效果图制作.........158
6.6 系列设计展示...........160

AIGC辅助图案设计应用

7.1 设计灵感收集.................164
7.2 设计风格延展及元素收集.......166
7.3 方案一的转化实践.............168
7.4 方案二的转化实践.............170
7.5 方案三的转化实践.............172
7.6 系列设计展示.................174

Chapter

图案设计概述

　　图案设计是一门融合了艺术性与功能性的学科,在时尚、家居、数字媒体等领域扮演着重要角色,是赋予产品独特魅力的关键,影响着人们的审美感受和使用体验。随着数字技术的不断进步和全球化的发展,图案设计行业将持续繁荣。

　　本章旨在介绍图案设计的基本概念、发展历史以及实际应用场景,用准确的案例帮助读者更直观地了解图案设计的学习目标,并启发大家对本学科的好奇心与探索欲。

1.1 图案的概念与发展

图案是具有装饰作用、结构有序、符合人类审美意趣的花纹或图样，是设计者根据设计方案并结合技术、工艺、材料等，通过艺术构思，对色彩、单位图样、造型等进行设计所制成的装饰性与实用性并存的艺术形式。[1]

图案设计的发展历史可以追溯到人类文明的早期，洞穴壁画描绘了当时人群的生活日常以及他们关注的事物。图案作为自然、文化、社会和技术等多重因素综合作用的产物，其形成和发展过程深受人类对美的追求、实用需求以及时代背景的影响。直至今日，图案作为我们日常生活中随处可见的一部分，应用于各种媒介和产品，包括纺织品、陶瓷、墙纸、网页、应用程序等。

让我们跟随着时间轴，了解人类文明发展史中几个具有代表性的时期以及该环境下孕育出的图案设计作品。

[1] 林琳. 图案设计 [M]. 清华大学出版社, 2022: 1.

● 古代文明时期

受限于绘画技术和材料的条件，古埃及、古希腊和古罗马等古代文明中的图案作品通常以简单的结构和单一或有限的色彩进行呈现，这种限制反而促进了设计的精简和线条表现力的提升。

彩绘狩猎主题壁画残片，约公元前 1450 年，出自古埃及内巴蒙墓，底比斯。

绘有竞技画面的双耳细颈瓶，约公元前 520 年，写实风格。

中世纪时期

中世纪是宗教高度支配的时代，图案承载了传播信仰和教育大众的功能，常用于圣经插图、壁画和玻璃彩窗中。图案的颜色受限于天然矿物颜料，多为红、蓝、金、绿、白等鲜艳且对比强烈的颜色，并且大量采用细腻繁复的植物纹样来象征生命和神圣。

（左上）彩色玻璃窗，沙特尔大教堂，13 世纪。
（左下）《贵妇和独角兽》系列挂毯第六幅，法国巴黎，15 世纪后期。

文艺复兴时期

受到古希腊和古罗马艺术的启发，该时期的图案中常出现卷轴纹、希腊花饰、月桂冠等古典元素，强调自然的和谐美感。解剖学与透视学的发展使得图案中人物和空间设计更加写实与精准。

文艺复兴时期的图案作品融合了古典美学和科学技术的进步，呈现出写实、和谐与优雅的风格。

（右上）拉斐尔和他的学生创作的来自罗马梵蒂冈等地的装饰画，1510-1519。
（右下）文艺复兴时期的陶器，意大利德鲁塔，1515-1530。

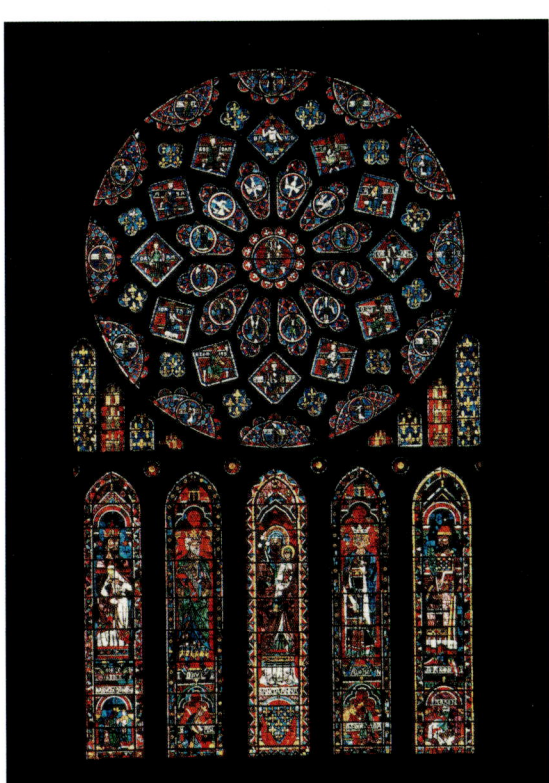

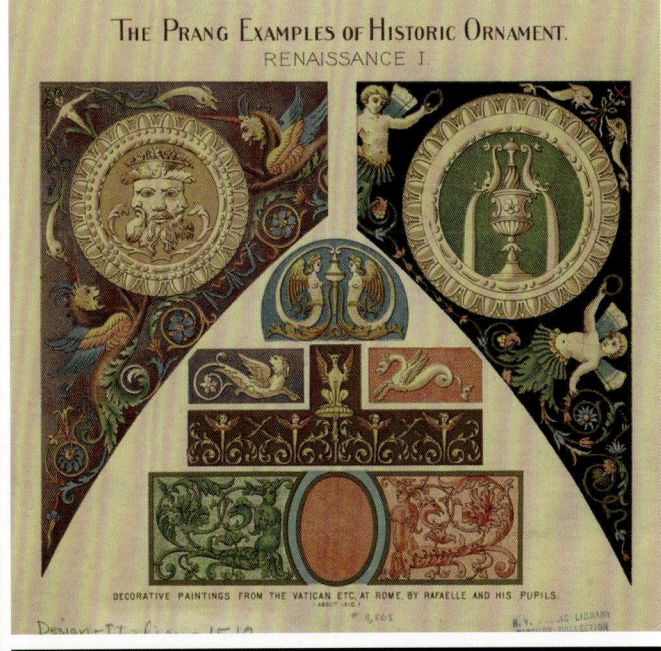

工艺美术运动

工业革命背景下，机械化生产带来了大批量缺乏设计和品味的产品。以威廉·莫里斯为首的一批设计师主张恢复手工艺传统，从植物形态中汲取创作灵感。该时期的图案风格呈现出复古、精致和个性化的特点，代表作品是有机、曲线优美的植物纹样。

（左上）《海藻》墙纸设计，1955年，约翰·亨利·迪尔绘制，莫里斯公司。
（左下）《世界尽头之井》奇幻小说内页，1896年，威廉·莫里斯。

现代主义时期

在工业化、社会变革和现代艺术的影响下，该时期的图案强调简洁、抽象和功能性，符合快速发展的现代社会对效率和理性美学的需求。图案风格逐渐摆脱传统装饰主义，呈现出几何化、抽象化和标准化的特征。色彩运用上，常使用鲜明的对比色，强化视觉效果。

（右上）《颜色渗透》地毯设计，1972-1973，赫伯特·拜耶；奥地利设计师，包豪斯学派的重要成员之一。

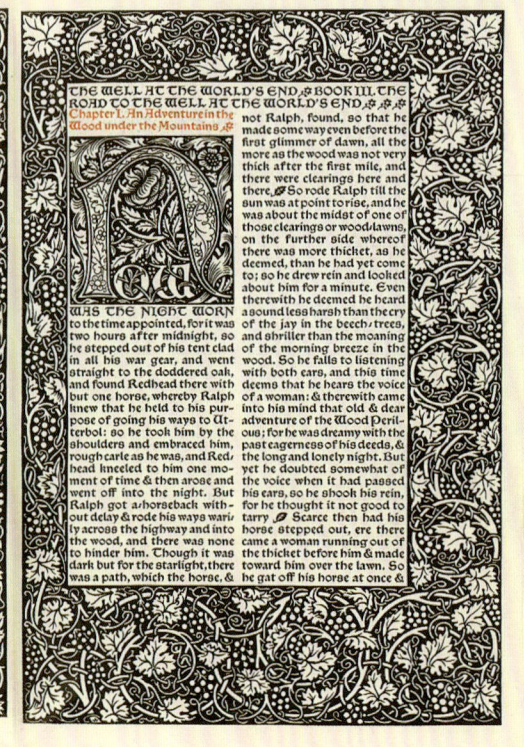

（左上）《Olivetti/Divisumma》海报设计，1953年，赫伯特·拜耶。
（右上）《黑－白－红》纺织品设计，1926-1927年，安妮·阿尔伯斯。

当代图案设计

20世纪后期以及21世纪初，后现代主义的兴起使得图案设计变得更加多样化和自由。这一时期的设计师不再受传统规范的束缚，可以更加大胆地尝试各种风格、元素和材料的组合。现代图案设计涵盖了从纸张和布料到网页和应用程序的广泛领域。

同时，一些设计师也开始关注可持续性和社会责任，致力于创造环保、包容性和具有社会意义的图案设计。

（右下）一款电脑合成的大理石花纹面料设计，Timorous Beasties，以独特而大胆的图案作品而闻名的设计工作室。

1.2 时尚产业中的图案作品

图案广泛应用于日常生活中的各个领域，从功能性设计到艺术性装饰，无处不在。本书将从时尚产业的角度对图案设计展开教学。所以本小节将为大家介绍三个行业内优秀的图案设计案例，分别展示设计工作室、独立艺术家和服装品牌围绕着图案创作各自展开工作的方式。

时装图案特指应用于服饰设计中的花纹或图样。不管是T恤上的标语，还是礼服上的刺绣装饰，都需要图案设计师经手精心绘制。图案不仅是重要的美学元素之一，还能够彰显品牌形象和设计师的个性，传达情感和理念，引领潮流趋势。

01 设计工作室 Liberty

Liberty London 是一家英国百货公司，成立于1875年。其核心是 Liberty 设计工作室，拥有十几位技艺精湛的艺术家，在创作新作品的同时，与两名档案管理员通力合作，对保存的19至20世纪的设计档案进行编目，以获取新的灵感。

第一章 图案设计概述

设计团队会在英国各地旅行取材，回到工作室后手工绘制每一件艺术品，创作出形式丰富的系列作品。完成手绘部分后，他们再使用软件将元素转化成四方连续图案，方便后续调整配色和尺寸比例。

在创作中始终不变的是，设计团队无与伦比的投入感。在确保一流的产品质量的同时，他们尽力讲好每一个故事，传递出设计理念及品牌的艺术坚持。

（右上）工作室手绘场景展示
（左下）2021秋冬系列作品展示
（右下）印花面料产品展示

艺术家
Pietro Ruffo

皮耶特罗·鲁弗是一位意大利艺术家，出生于 1978 年，毕业于罗马的意大利国家美术学院。

他的作品涵盖了多种媒介，包括绘画、雕塑、装置和建筑艺术。他的创作题材融合了现实主义、象征主义和抽象主义的元素，热爱探索政治、历史和文化议题。他与时尚产业联系最紧密的作品是与品牌克里斯汀·迪奥合作的插画系列。

在迪奥 2021 春夏高定系列中，他将 78 个塔罗牌符号重制为精美的图案。品牌设计师将这些水墨纹样与印花、刺绣、提花等服装工艺结合，并延展应用到了家居产品中。这一次强强联手的合作项目展现了图案设计在时装领域中的各种可能性。

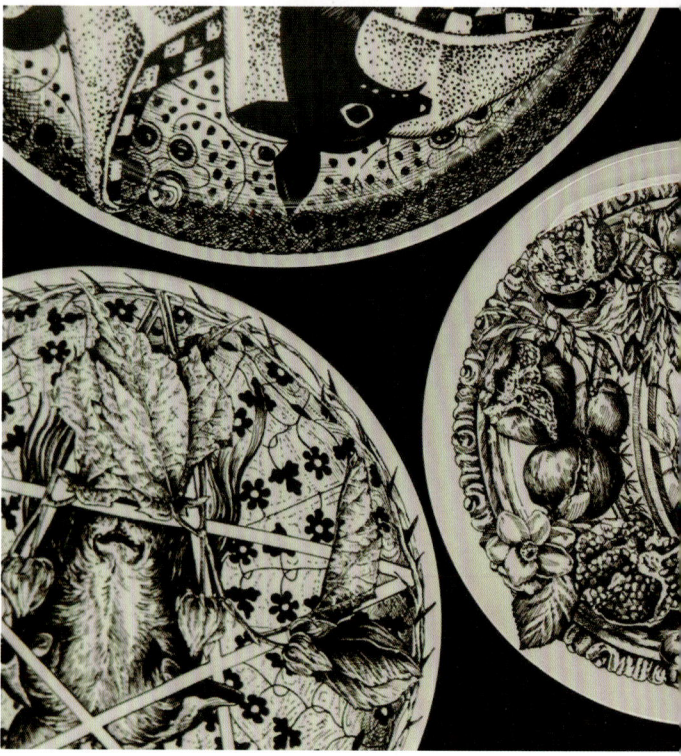

（左下）迪奥 2021 春夏高定系列手绘稿
（中上）艺术家的工作场景展示
（中下）迪奥 2021 春夏高定系列家居产品
（右）迪奥 2021 春夏高定系列宣传图

第 1 章 — 图案设计概述

15

设计公司
Marimekko

　　Marimekko是一家芬兰设计公司，成立于1951年，是世界上首批生活方式品牌之一。标志性的罂粟花图案一直被视为积极向上和个人赋权的大胆象征。品牌的使命是为世界各地的家庭带来色彩和欢乐，鼓励人们享受生活。

　　他们在赫尔辛基的印刷厂是一个自由奔放的创意游乐场，也是Marimekko的灵魂所在。多年来，设计师们创造了约3 500种印花设计，从服装和包袋到陶瓷、面料等，无所不包。

（左下）品牌标志性图案"Unikko"
（左上）品牌家居产品展示
（中上）2023春夏系列宣传图
（右上）2020春夏系列宣传图

　　品牌有固定的图案设计团队，将标志性印花以数千种富有想象力的配色和排布一次又一次地重造，证明了它们永恒的魅力。当然，他们也会不定期地与世界各国的艺术家合作，融入新鲜的设计血液，将天马行空的想法和愿景转化为新产品。

03

1.3 数智工具赋能图案创作

  时装图案的创作手法包括传统的手工绘画和现代的数字绘画两大类。传统手工绘画通常包括墨水、水彩、丙烯等传统绘画技法，设计师通过画笔、颜料和纸张直接创作出图案原稿。而现代的数字绘画则借助计算机软件，如 Adobe Illustrator、Adobe Photoshop、Procreate，以及 AI 工具辅助等，设计师可以在电脑或平板设备上进行创作，利用软件提供的绘画工具、图层管理和编辑功能，实现更加精确和复杂的图案设计。

  随着 iPad 和 Procreate，以及 AI 工具的普及，越来越多的设计师选择这种便捷高效的数字化绘画方式。Procreate 在创作中的优势包括：舒适的绘画体验、丰富的画笔选择、灵活的图层管理和高分辨率，以及软件搭建的共享社区，为使用者提供了更多资源和灵感，使其成为图案创作的首选工具。

Chapter

认识 Procreate

　　Procreate 是专为移动设备设计的高阶绘图应用软件之最。为求与 iPad 和 Apple Pencil 达到完美和谐而创造，Procreate 能让创作者感受到数字艺术中如同现实世界的创作感。

　　本章将详细介绍 Procreate 软件的基础功能及其使用方法，并结合不同的应用场景，详细介绍与图案创作相关的工具及其对应的效果。另外，在本章，你还可以了解作者精心挑选的各类笔刷包，为整本教材的绘画教学提供指引。不管你是零基础小白，还是绘画熟手，在开始学习之前，都建议仔细阅读本章提供的绘图指引。

2.1 界面介绍

Procreate 的极简界面分为三个主要部分。
本节将通过数字标号 1~14 来分别介绍其对应的功能。

绘图工具（右上 1~5）

在菜单列表右上方能找到开始创作所需的基本工具，分别是绘图、涂抹、擦除、图层和颜色。

1. 绘图
可灵活使用上百种流畅的画笔来绘图，还可以对画笔库进行管理和分组，导入自定义笔刷，或分享个性画笔。

2. 涂抹
既可晕染已有作品的色彩，使其过渡自然；也可以利用画笔库创作出不同的效果。

3. 擦除
用橡皮直接修改错误或进行细微调整；并且可以进入画笔库选择合适的橡皮形状。

4. 图层
有图层功能的加持，创作者可在不影响原图的情况下在图像上叠加不同的元素或颜色，并且能轻松移动、编辑，甚至重新上色或直接删除多余物件。

5. 颜色
可存储、导入和分享调色板，调整内调和色彩，也可将色彩直接拖曳到画作上。

侧栏（左边 6~9）

左手边的侧栏包含各种修改工具，例如调节笔刷尺寸和不透明度、快速操作撤销、重做，可在创作中随时进行修改。

6. 笔刷尺寸
向上调滑动键可增大笔刷尺寸，画出的线条较粗；向下调则会将笔尖变小，画出的线条较细；想要针对尺寸进行微调，可长按滑动键并用手指往两侧拖动，同时保持手指触碰，上下滑动，便会让滑动键的移动幅度减少。

7. 修改钮
轻点正方形的修改钮会自动唤醒选色吸管，创作者可以直接从画作上选取颜色，也可以按住修改钮并轻点画布任意处来识别及吸取色彩。

8. 画笔不透明度
上下调动滑动键可以调节笔刷的不透明度；如果想要进行微调，可参考笔刷尺寸滑动键的使用方法，先用手指向两侧拖动，再通过上下滑动来获得精准的不透明度。

9. 撤销 / 重做箭头
轻点上方的撤销箭头可取消前一个操作，轻点下方的重做箭头可进行复原，最多可撤销 250 个操作。

高级功能（左上 10~14）

在左上的菜单中能找到更多高级功能。

10. 图库
组织并管理创作者的作品，可创建新画布、导入图像并向他人分享自己的作品。

11. 操作
包含插入、分享以及调整画布等实用功能，并且可以调整界面和触摸设置，配合创作者设定最佳表现方式。

12. 调整
利用专业的图像效果雕琢创作者的作品，快速调节复杂色彩和应用渐变映射，或通过模糊效果、锐化、杂色、克隆及液化等工具为画面画龙点睛，还可以添加如泛光、半色调和色像差等艺术特效。

13. 选取
四个多用途选取工具和一系列高阶选项可以分别对图像的各部分进行编辑，确保了画面修改的精准度。

14. 变换变形
可延展、移动和快速改变图像，从基础的大小缩放功能到多功能的扭曲网格，变换变形工具可瞬间颠覆创作。

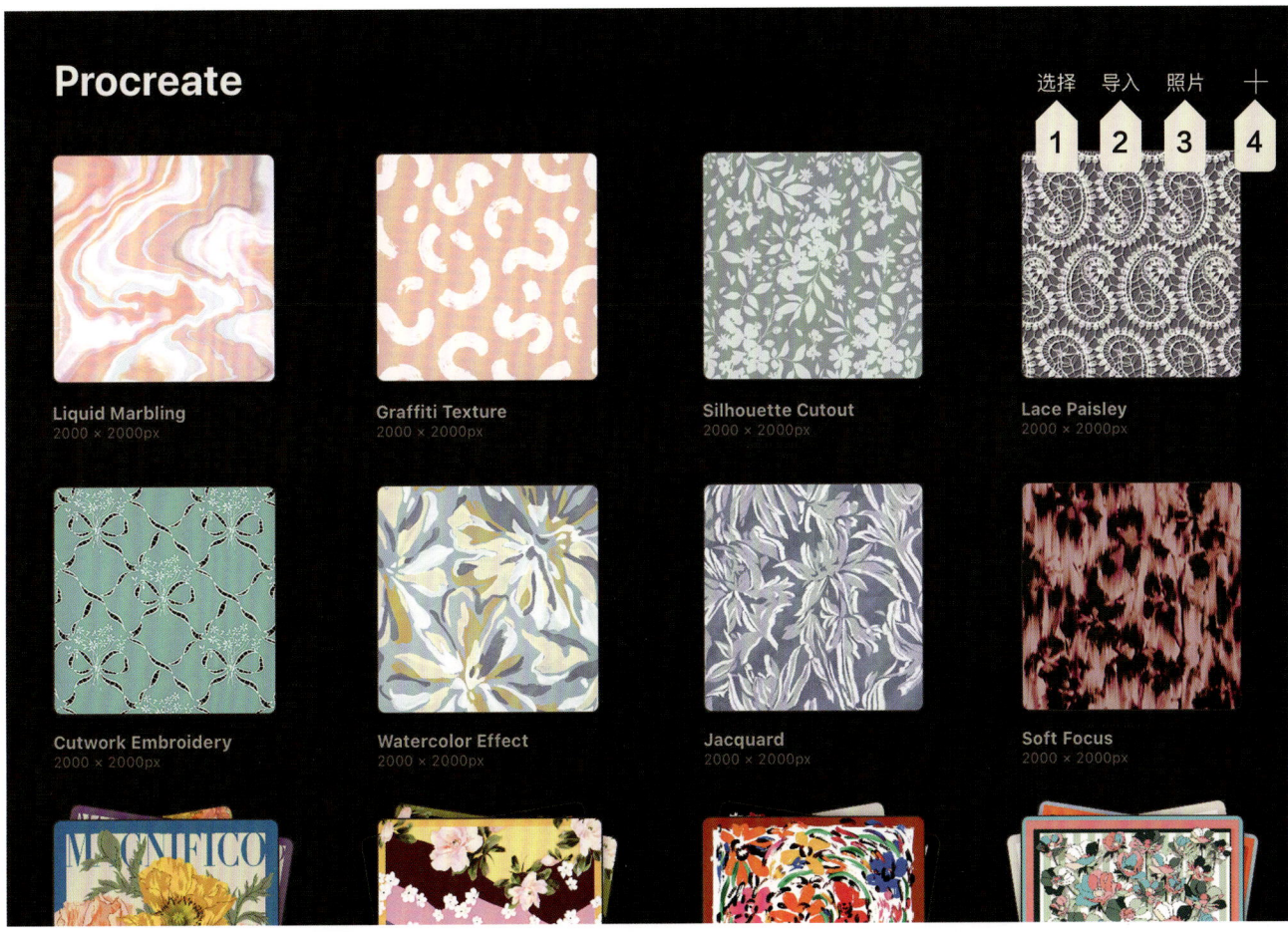

在菜单列表右上方可以找到开始创作所需的所有工具：选择、导入、照片和新建画布。

1. 选择
可任意选择一个或多个文件进行分组、预览、分享、复制或者删除。

2. 导入
可通过 iCloud 导入 PSD 文件，实现了 Procreate 与 Adobe Photoshop 的完美结合。

3. 照片
可在 iPad 照片库里选取所需图片或视频素材，并以此为基础，进行编辑。

4. 新建画布
新建画布可以根据规定尺寸进行自定义设置，也可以根据国际标准纸张设置 A3、A4 等尺寸。

2.2 快捷手势

可直接用指尖移动画布、撤销、重做、清除、拷贝、粘贴或全屏显示。

Procreate 与 Apple Pencil 合作无间，但不一定只能用它来创作，用指尖一样可以在画布上轻松绘图，例如轻点绘图、涂抹、擦除等工具，就可以通过手指轻松实现各种功能。

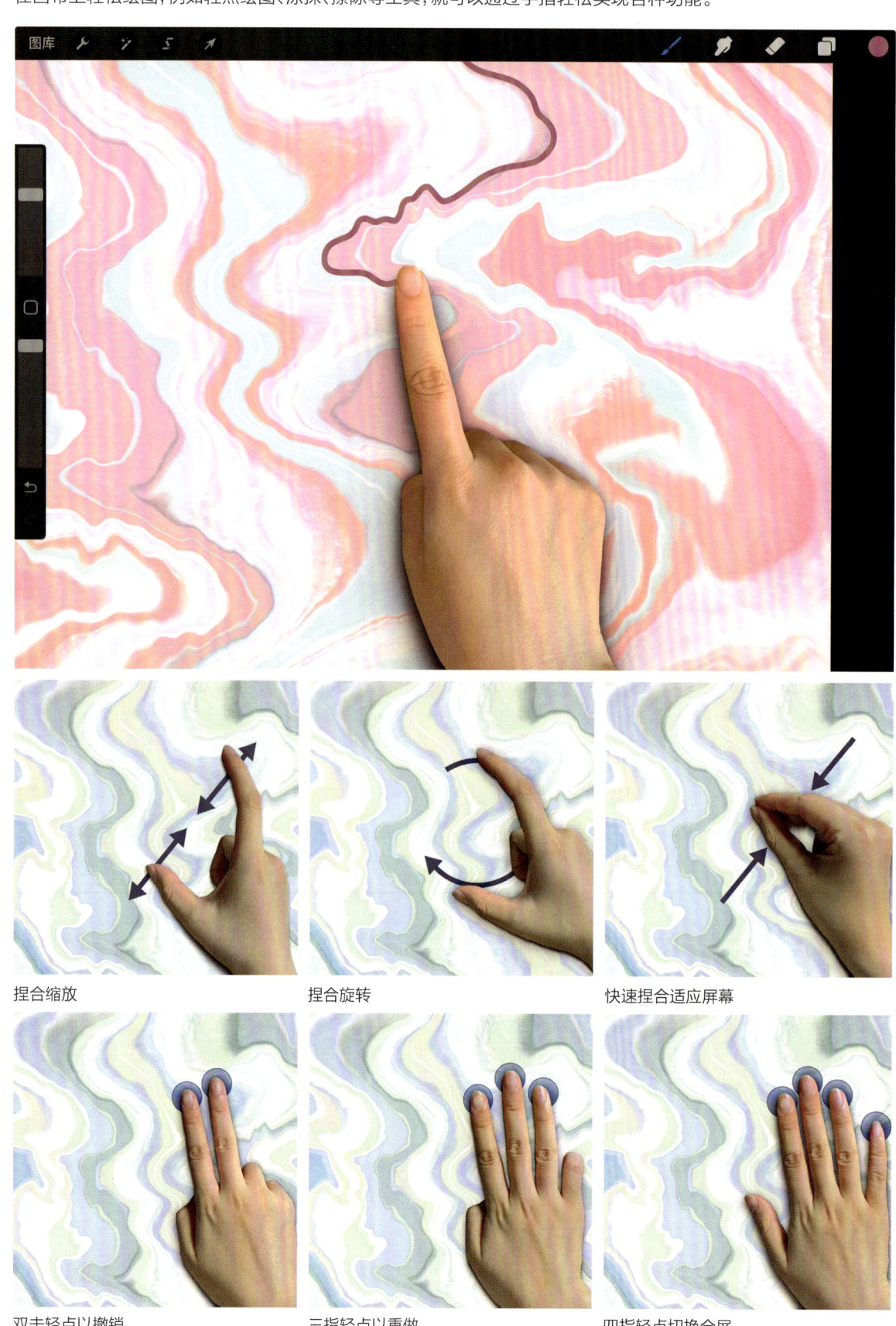

捏合缩放　　　　　　　　捏合旋转　　　　　　　　快速捏合适应屏幕

双击轻点以撤销　　　　　三指轻点以重做　　　　　四指轻点切换全屏

2.3 速创形状

可以用"速创形状"对基本形状进行快捷编辑，并形成完美形态。

在创建形状时，可以先绘制一条线或某个形状，并保持手指的动作，数秒后，画布上会迅速形成一条完美的直线、弧线，或一个规整的椭圆形、三角形或者四边形。

2.4 笔刷介绍

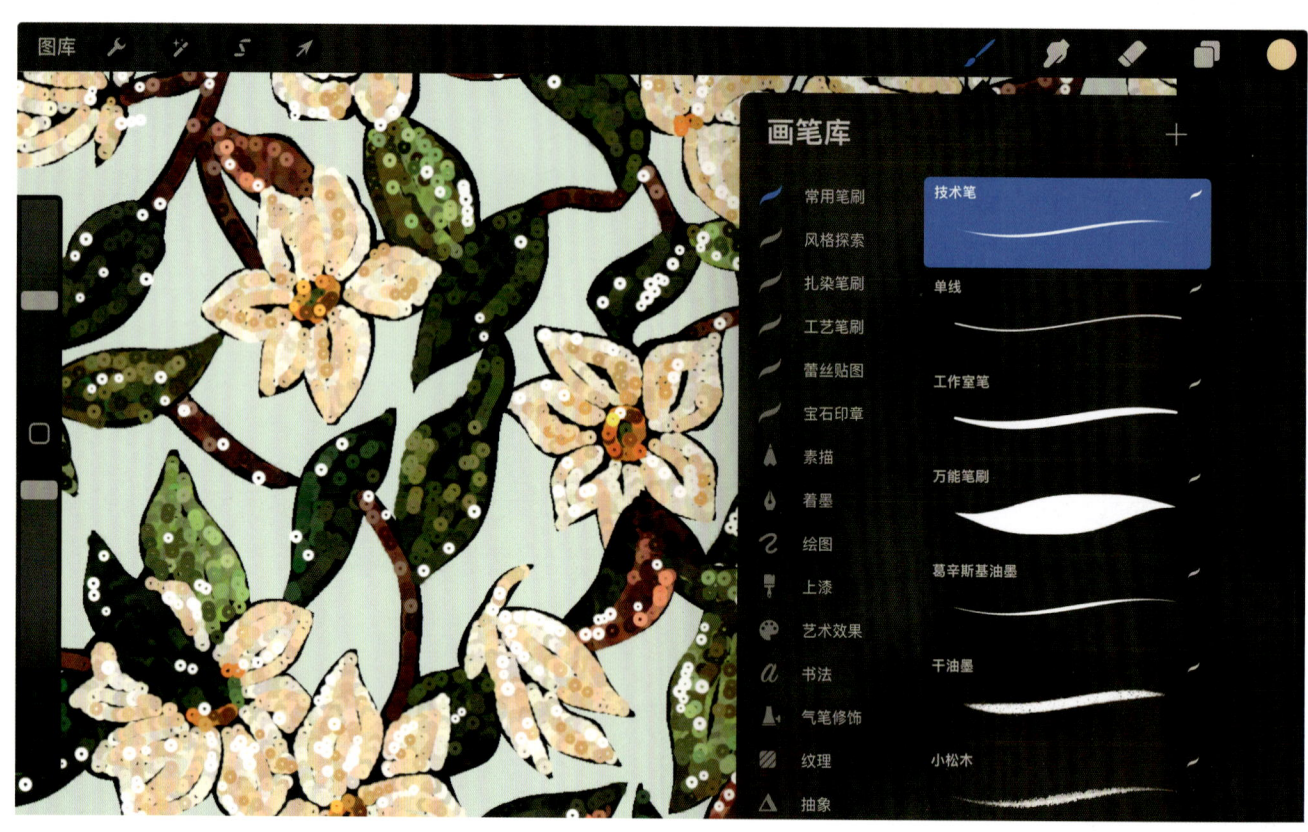

常用笔刷 / 德文特、万能笔刷、葛辛斯基油墨、演化、超细喷嘴

笔刷样式	笔迹演示	使用场景
德文特		软件自带的素描笔刷模拟铅笔的效果，带有轻微的颗粒感，适合在绘制草稿阶段使用。
万能笔刷		带有轻微肌理的不透明感方头笔刷，适用于各种场景和各种风格，可勾线、可打底、可塑造。
葛辛斯基油墨		软件自带的扁头笔刷，线条粗细变化灵活，形态如同丝带，也适用于中英文字的书写。
演化		软件自带的肌理笔刷，轻轻下笔可得到斑驳的肌理效果，用力下笔可得到轮廓崎岖的色块。
超细喷嘴		适用于渐变色的绘制和雾化的涂抹效果，模拟颜料喷洒的质感，色块边缘带有细小颗粒感。

风格探索 / 油画棒、枯笔、调色刀、烧边水痕、扎染笔刷

笔刷样式	笔迹演示	使用场景
油画棒		模拟油画棒质感,肌理感强,体现在线迹的轮廓部分,适用于手绘风格的抽象纹样。
枯笔		模拟刷子的枯笔效果,在笔迹中段制造大量条状留白,适用于写意风格的细节塑造。
调色刀		模拟调色刀的混色效果,轮廓留白感类似枯笔笔刷,在多色混合时能产生真实的颜料混合效果。
烧边水痕		模拟水彩颜料的扩散效果,线迹边缘处有色料堆积感,上色区域整体带有水迹效果。
扎染笔刷		模拟扎染工艺中颜料阻断与扩散的效果,笔迹呈现鱼骨形,在笔刷组中包含多种扎染形态。

工艺笔刷 / 锁边线迹、亮片笔刷、蕾丝贴图、宝石印章

笔刷样式	笔迹演示	使用场景
锁边线迹		模拟刺绣工艺中的锁边线迹,是一种按一定规律相互串套联结形成的牢固而美观的线迹。
亮片笔刷		模拟珠片绣中的珠片装饰效果,通过笔刷编辑器可调整珠片形状、距离和颜色动态变化。
蕾丝贴图		纹样类贴图笔刷,通过涂色快速实现纹样的叠加,在笔刷组中包含多种蕾丝形态。
圆形宝石		宝石主题的印章笔刷,单击屏幕即可获得一个宝石素材,在笔刷组中包含多种宝石形态。

2.5 基础调色教程一

调色教程根据使用的功能类别分为两个部分。在教程一中，我们将了解Procreate 界面上方的调整功能，按照菜单的排列顺序，分别介绍"色相、饱和度、亮度"、"颜色平衡"和"曲线"这三种调整颜色的方法。

▪ **原稿展示**

原稿为一张黄绿配色的花卉图案，其中最浅的部分为白色，最深的部分为绿色和橙色。
大家在挑选练习素材的时候，尽可能选择色彩丰富且明暗对比强烈的图案，这样更加有助于我们去理解不同工具对于画面效果的影响。

▪ **设计思路**

你可以提前预设图案的色调将传递出一种什么样的氛围？比如目前的氛围是轻快的、柔和的、明媚的、春日的……

01 "色相、饱和度、亮度"调色

在"3.1.1 色彩理论"中可查看有关色相、饱和度和亮度的概念解释。

点击"调整–色相、饱和度、亮度"修改图像的色彩偏向、相对纯度和光亮程度。对这三个概念较为陌生的同学，可以先查看详细的解释，再通过移动画面下方的三个按钮，结合图像的颜色变化，来快速了解其作用效果。

02 "颜色平衡"调色

点击"调整－颜色平衡"矫正配色，对画面中不同明度的区域进行局部调色。我鼓励大家通过大量实验来了解这些滑动条的作用。另外，点击右下角的太阳图标，还可以分别对画面中的阴影、中间调和高亮区域进行精准校色。

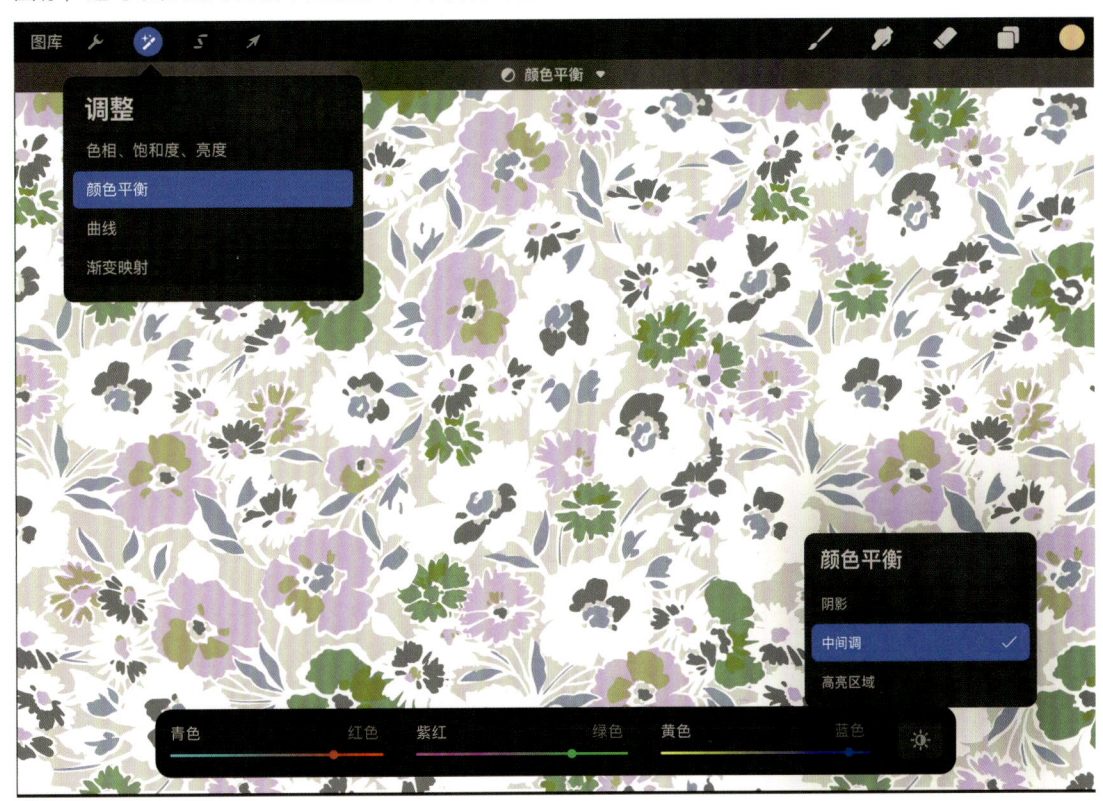

03 "曲线"调色

点击"调整－曲线"矫正配色，图像初始状态的色调在下方的操作栏中对应一条直的对角线，右上角区域代表高光，左下角区域代表阴影。在向线条添加控制点并移动控制点时，曲线的形状会发生更改，画面的明暗关系也随之变化。

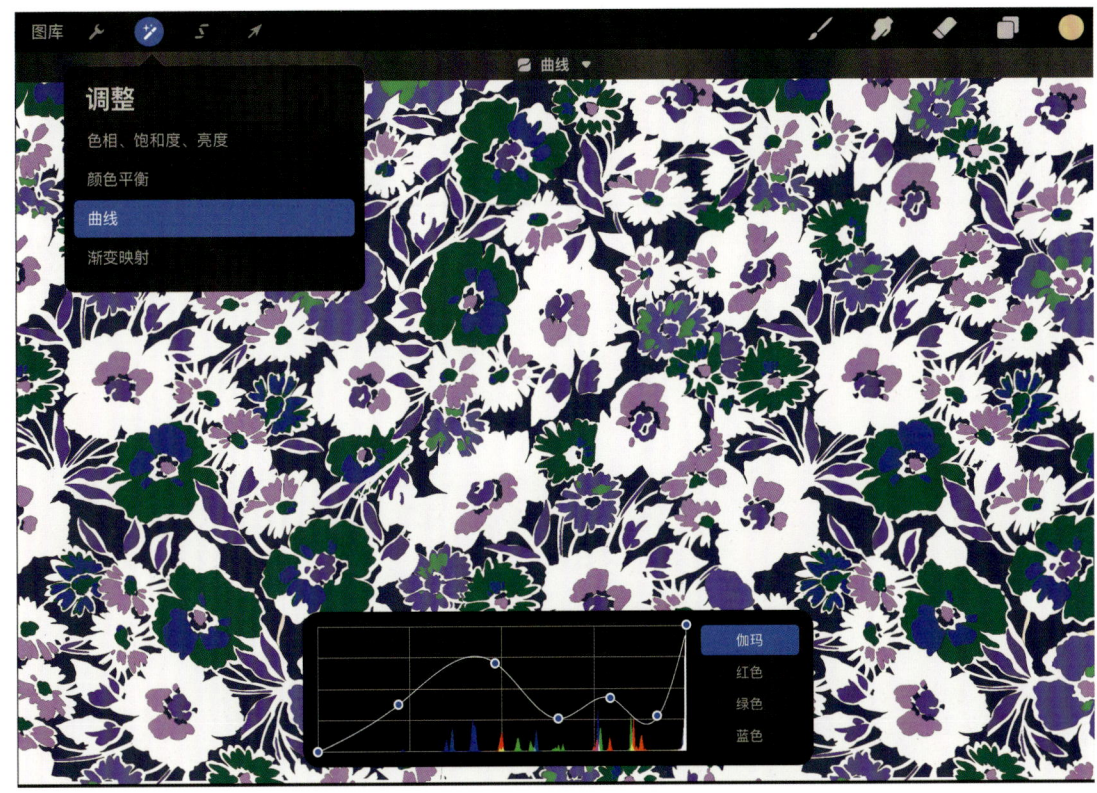

2.6 基础调色教程二

在调色教程二中,我们将了解调整功能中"渐变映射"的概念、实现原理和使用方法。渐变映射是一种通过将不同的颜色映射到原始图像的亮度值上,来改变图像整体配色的方法,以便捷且快速地创建出风格迥异的配色方案。

▪ **渐变映射原理**

当我们对一个图案使用"渐变映射"时,软件会自动分析图像中的明暗关系,将其归类为阴影、中间调和高亮区域。然后,我们需要选择一个"渐变色"方案,以新的配色方案取代原图的明暗关系。

▪ **设计思路**

本小节将沿用2.5"基础调色教程一"中的素材。
请尝试着使用"渐变映射"功能,为你的图案制作丰富的配色方案。

01 应用新配色

点击"调整 – 渐变映射",画面下方会出现"渐变色库",包含一些软件自带的配色方案。任意选择一个方案,图像会一键生成新的色彩效果。通过观察,我们发现原图中最深的区域被替换成了已选中的"渐变色2"中最左端的紫色。

点击操作栏右上角的加号按钮,你可以创建新的配色方案。

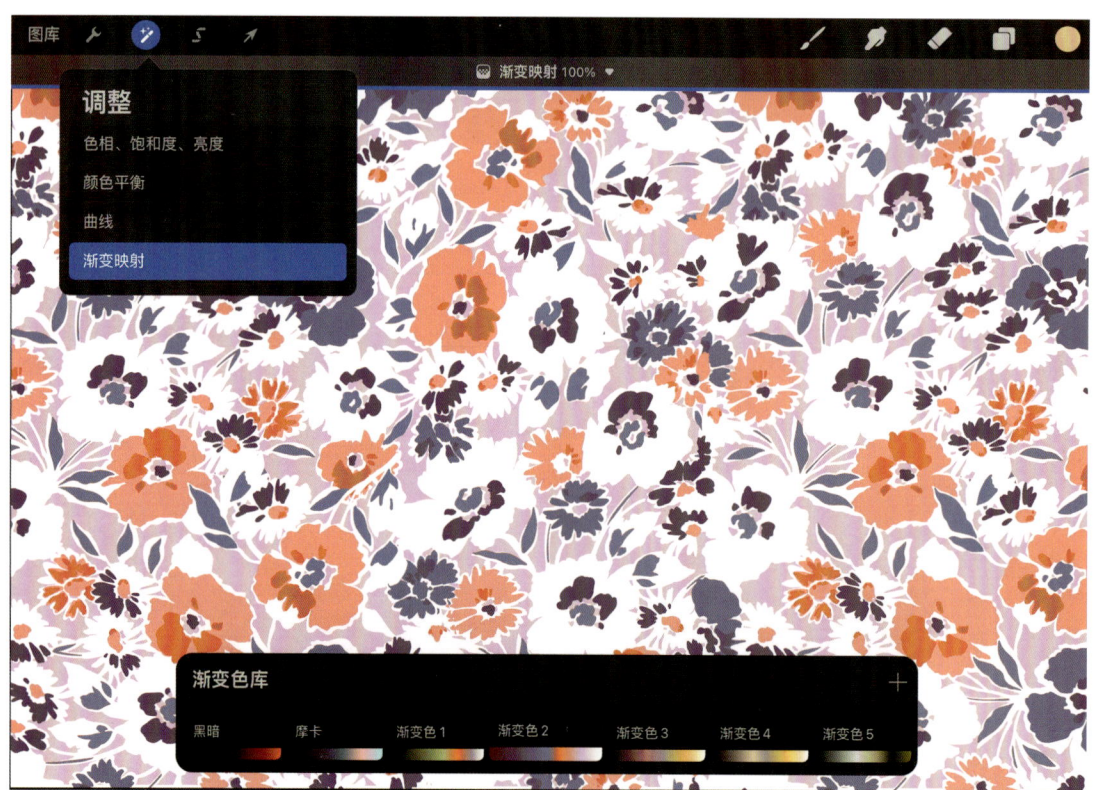

02 调整控制点

点击"渐变色 2"进入颜色编辑功能，渐变色条被放大，且色条上出现五个操作点。其中，紫色对应阴影区域，蓝色、橙色和粉色对应中间调区域，白色对应高光区域。请尝试移动控制点来对画面的颜色构成进行微调。

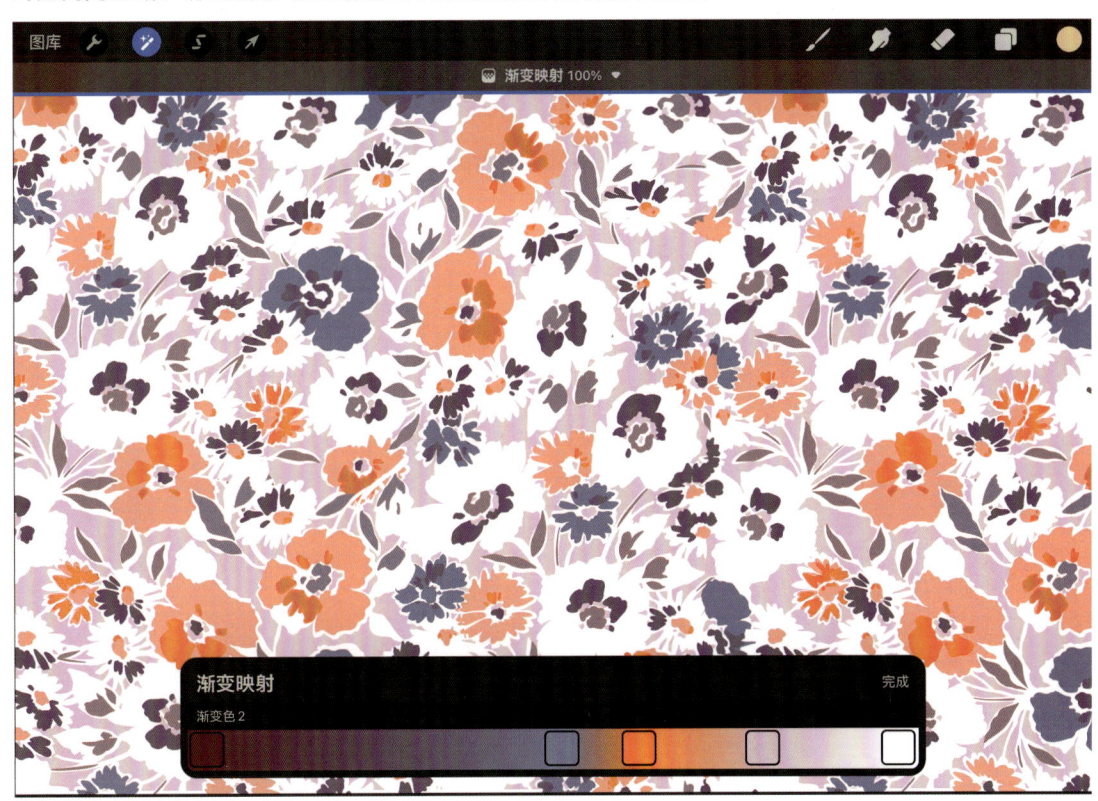

03 新建控制点

除了移动控制点以外，你还可以尝试增加新的控制点。点击色条上空白的区域，画面中会出现一个选色框，选择你喜欢的颜色来丰富画面效果。如果想要删除控制点，请长按小方块两秒后松手，画面会弹出删除按钮。

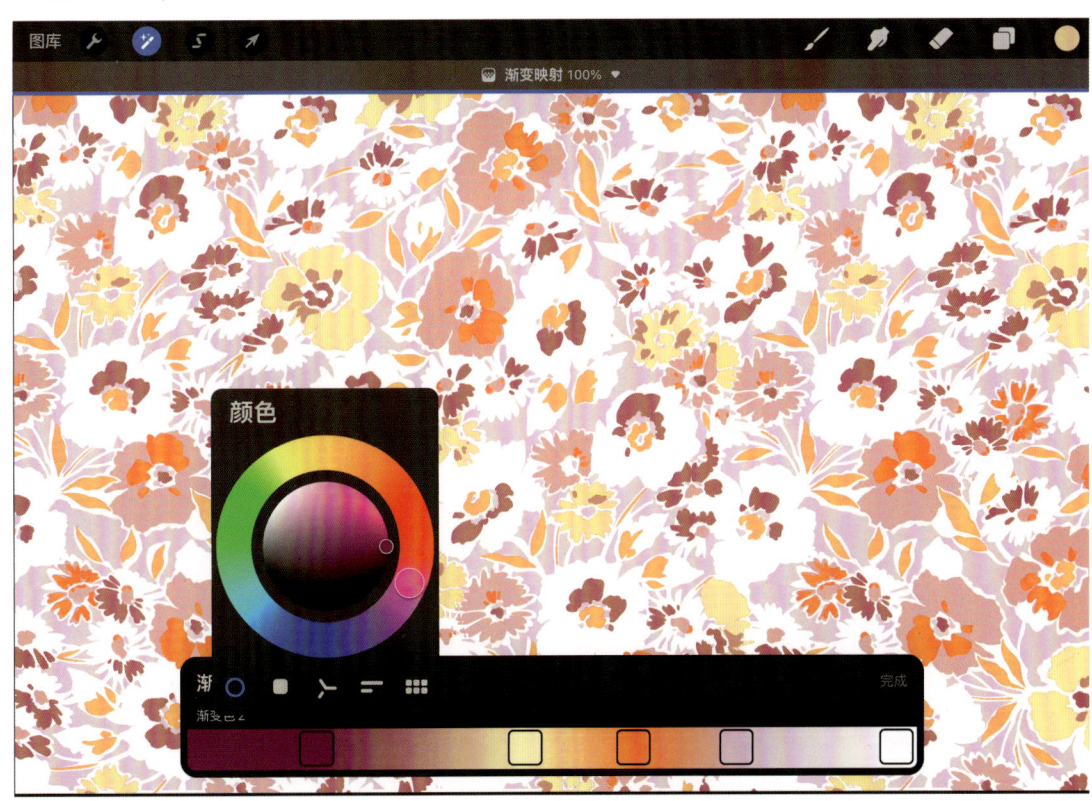

2.7 四方连续接版教程一

在本小节和下一小节中，我们将了解四方连续图案的概念和两种在 Procreate 里便于实现的接版方法。这两种方法分别为"平铺截取法"和"接缝转移法"。在接版教程一中，我们先学习"平铺截取法"的操作方法。

▪ **四方连续图案**

指由一个或多个单位纹样，向上下左右四个方向重复连续扩展而形成的图案。

四方连续图案，又被称为无缝图案，是图案设计中最常见的输出格式。

循环单元，指无缝图案中最小的单元。

▪ **思考内容**

在学习制作四方连续图案前，我们要先学会如何在成品花稿中找到最小的循环单元。

你可以在右图中找到"循环单元"吗？

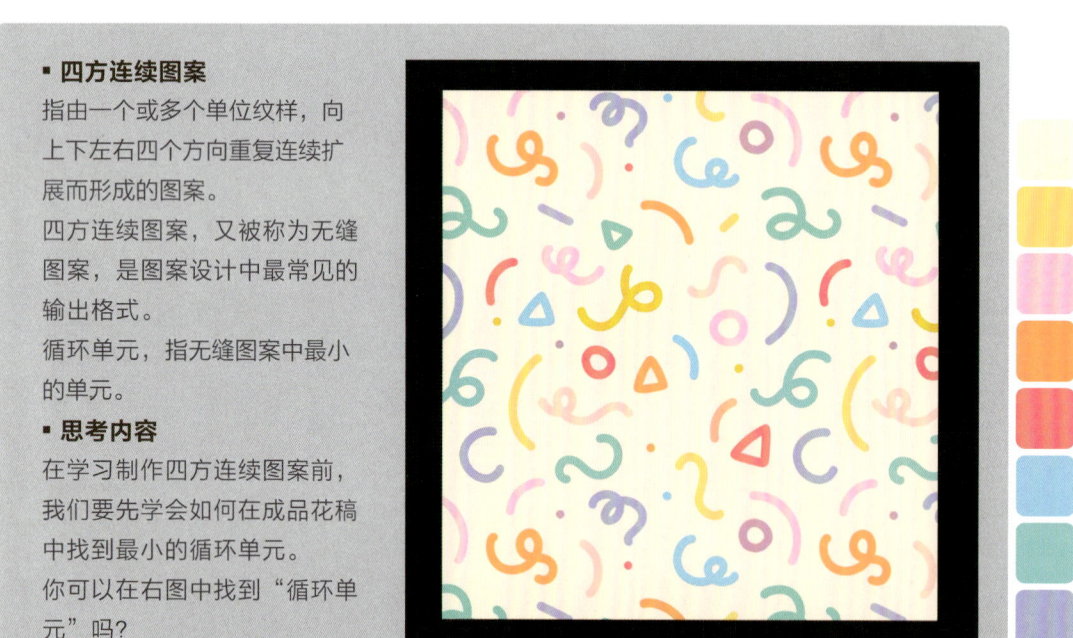

01 教案分析

推荐画布尺寸为宽度 2000px，高度 2000px，300dpi。

下方展示的是本案完成的状态，通过定位画面中橙色的缠绕元素，可以确定循环单元的尺寸。循环单元呈竖长方形，接版采用"平铺截取法"，即先将图形重复、规律、整齐地排列，再截取得到最小的循环单元。

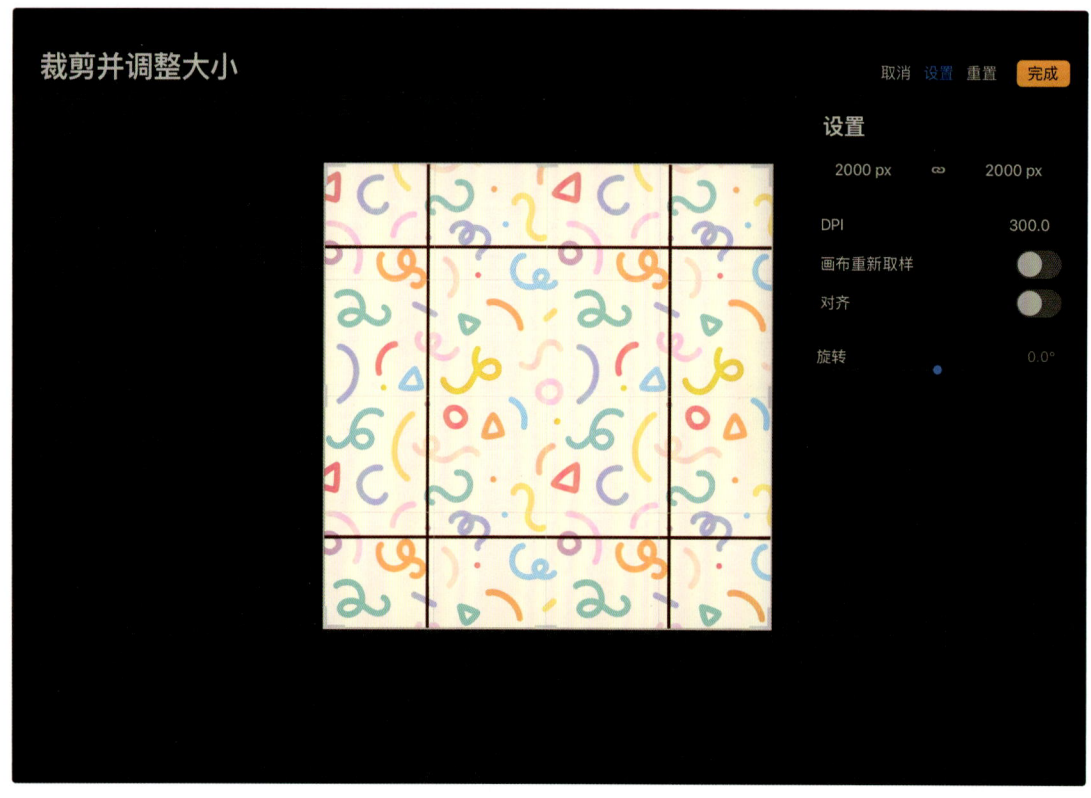

02 绘制图形元素

参考推荐的画布尺寸，新建空白画布。使用"常用笔刷 – 单线"，在画布的右下方区域绘制多种形态的图形。注意，将元素尽可能地聚集在一起，形成一个轮廓接近正方形的元素组。* 在随书附赠的资料包中可获得该元素组的画稿。

03 拷贝并平铺元素组

在图层栏中左滑图形，点击"复制"进行拷贝。点击画面左上角的蓝色图标，在下方操作栏中打开左下角的"对齐 – 磁性"对新的元素组进行平移，将四个元素组平行对齐铺满画面，得到初步的四方连续效果。

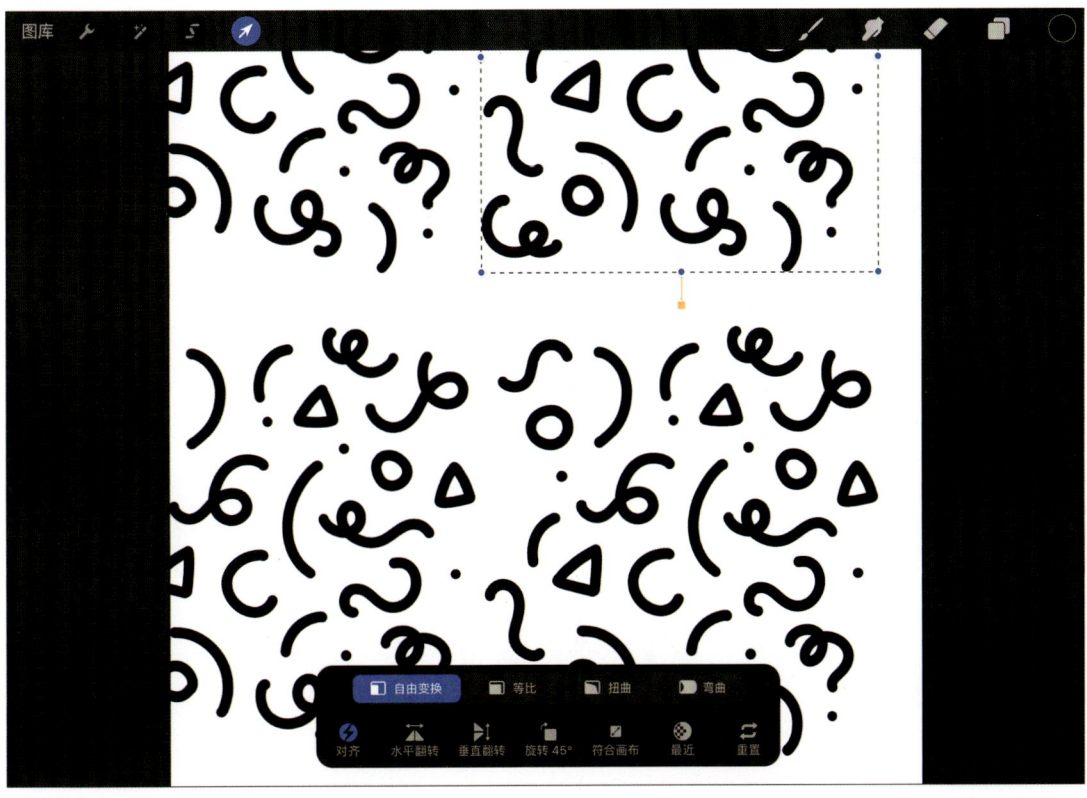

04 确定循环单元

以画面中黄色的图形作为参考,确定循环单元的位置和尺寸(画面中白色的区域)。新建图层,点击画面左上角的"选取-矩形",用灰色对循环单元外部的区域进行填充。将包含灰色图形的图层移动至元素图层的下方。

05 完善循环单元

在元素所在图层上,对白色区域内的留白部分进行元素补充,即绘制橙色的图形。注意,画面中蓝色的图形在循环单元的边缘上,需要使左右两个蓝色图形与其左上方的黄色图形之间,在横向和竖向上保持相同的距离。

06 调整颜色

清除画面中灰色区域内的图形,得到的白色区域内的图像为最终的循环单元,将该图层命名为"循环单元"。点击该图层,选择"阿尔法锁定",该功能可以锁定图层中的图形形状,结合画笔涂抹快速对图形进行改色。

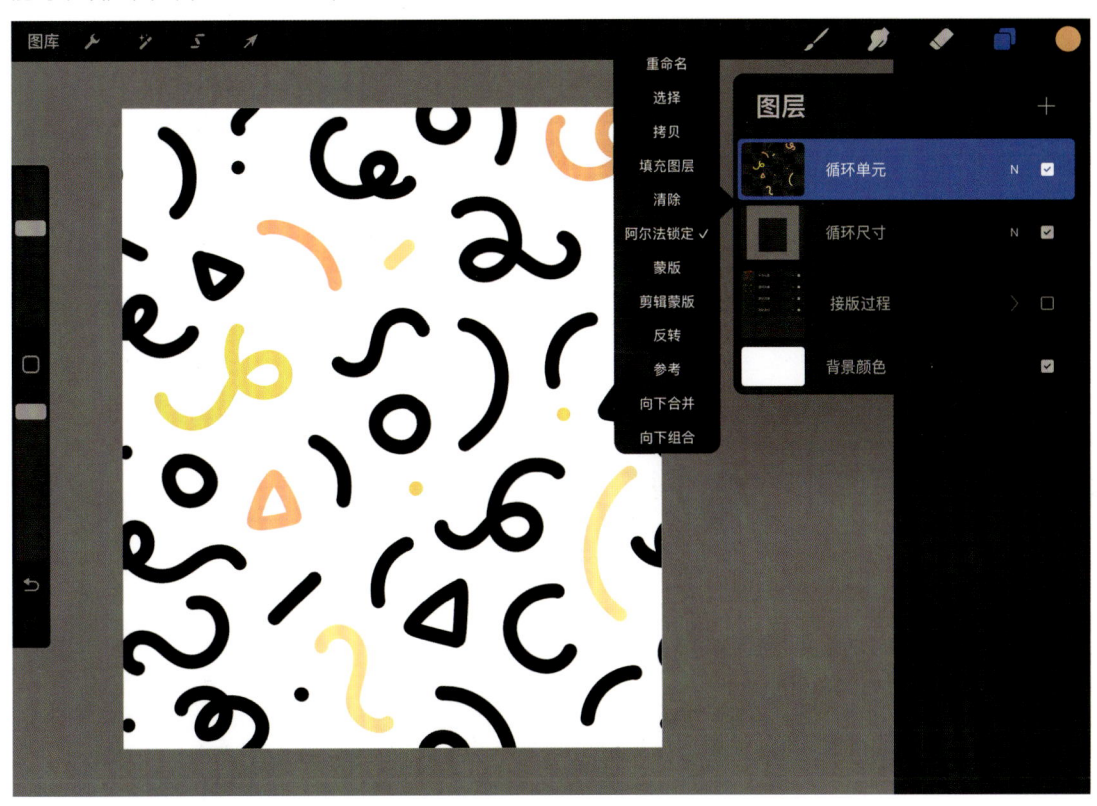

07 完稿并查看平铺效果

对"阿尔法锁定"状态下的图形进行涂色改色处理。完成改色后,将"循环单元"图层拷贝平移直至铺满整个画布,合并所有包含图形的图层,命名为"图案"。在"图案"下方新建"底色"图层,填充背景色。

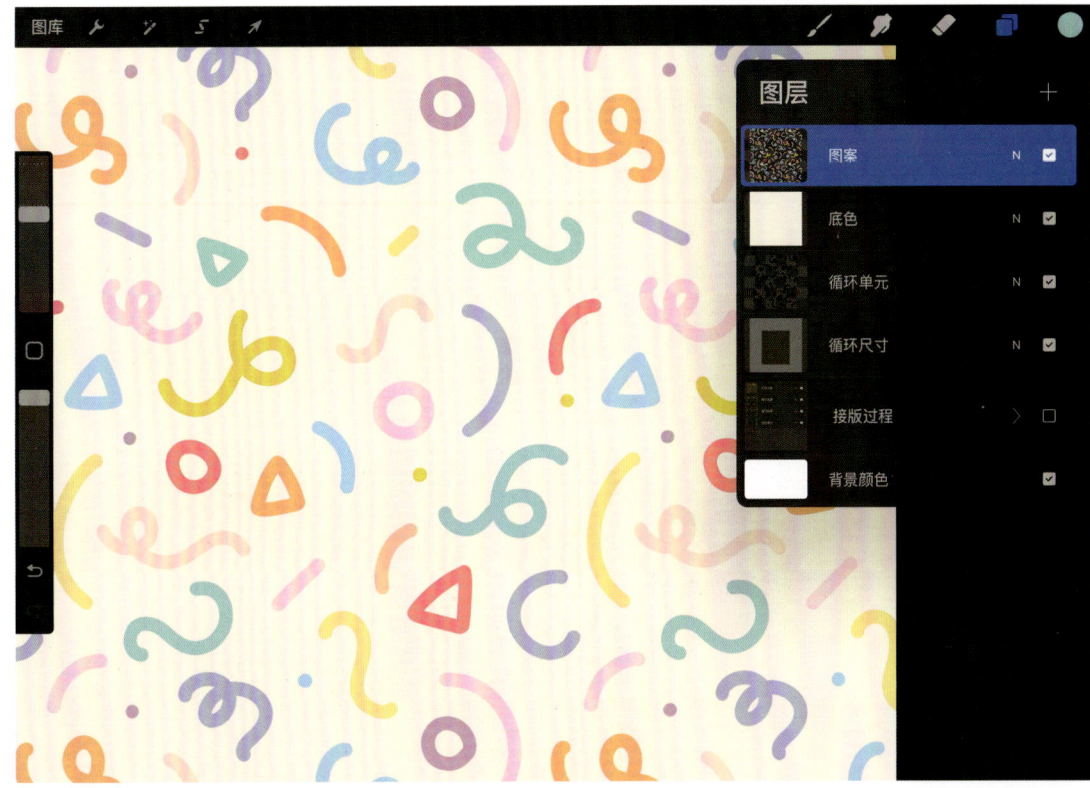

2.8 四方连续接版教程二

在本小节中,我们将继续探索四方连续图案的第二种接版方法,即"接缝转移法"。教案沿用上一讲的画布尺寸、图形和配色,因为接版方式不同,补充的元素不同,所以最终循环单元的样式也略有不同。

▪ **接缝转移法**

在确定循环单元尺寸和元素构成的情况下,将上下和左右两条接缝转移到图案中央进行修补的一种接版方法。

▪ **两种接版方法的适用场景**

平铺截取法:适用于结构和分层复杂的,需要反复查看并调整效果的图案类型;

接缝转移法:适用于已经确定循环尺寸,或者已经合并成一个图层的图案类型。

01 绘制元素

推荐画布尺寸为宽度2000px,高度2000px,300dpi。

点击画面左上角的"选取 – 矩形",在画面中央框选出一个正方形,反选并填充灰色,将图层命名为"循环尺寸",确定留白区域为图案的循环单元。

使用"常用笔刷 – 单线"在白色区域内绘制多种形态的图形。

02 左右分割素材

以白色区域的中心线为基准，使用"选取 – 矩形"框选出"原始素材"的左半边元素，点击"操作 – 添加 – 剪切 & 粘贴"，将素材分割为两个图层。为了便于大家理解，这里将左半边元素改为粉色，右半边元素改为紫色。

03 转移接缝并完善接缝

点击画面左上角的"变形变幻"，在下方操作栏中打开左下角的"对齐 – 磁性"，将粉色图形贴着白色区域的右边缘放置，将紫色图形贴着左边缘放置。在画面正中的留白区域用蓝色绘制新的元素，完成横向的接版。

04 上下分割素材

合并紫、蓝、粉三色图形，得到新的接版素材。以白色区域的中心线为基准，使用"选取－矩形"框选出现有图形的上半边元素，点击"操作－添加－剪切＆粘贴"，将素材分割为两个图层。分别用绿色和黄色对上下图形进行区分。

05 转移接缝并完善接缝

点击画面左上角的"变形变幻"，在下方操作栏中打开左下角的"对齐－磁性"，将绿色图形贴着下边缘放置，将黄色图形贴着上边缘放置，并用橙色绘制新的元素，对画面中央的留白区域进行补充，完成竖向的接版。

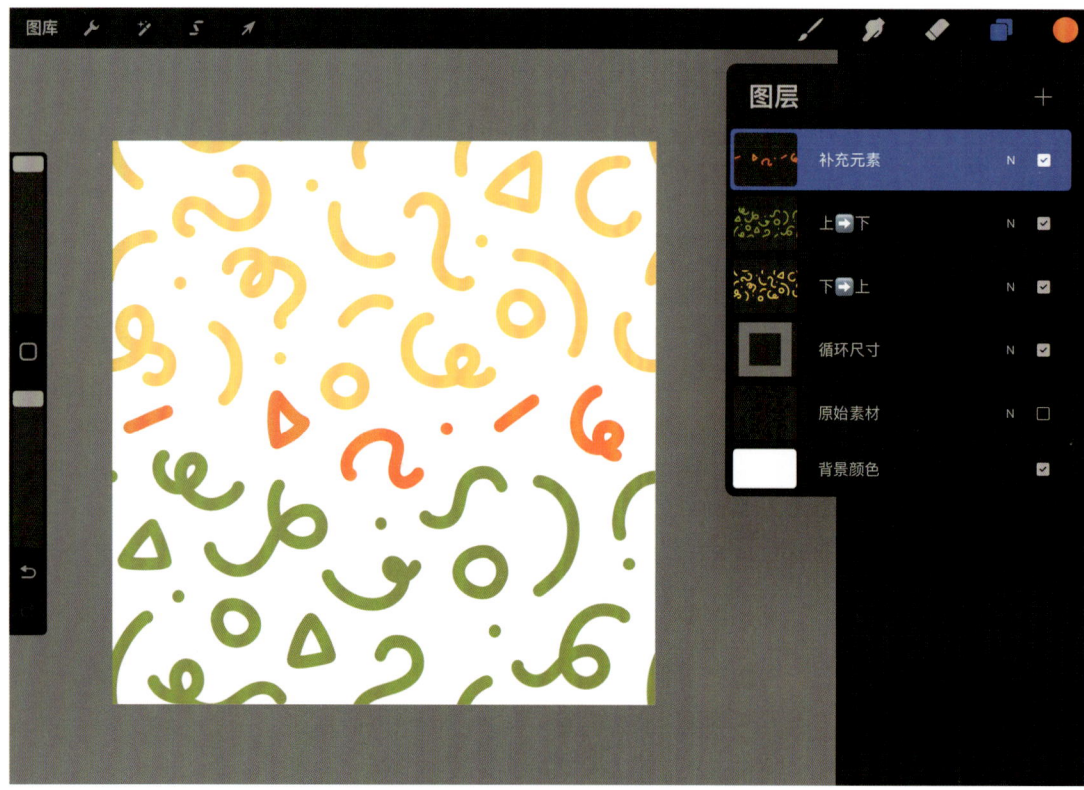

06 检查接缝

合并黄、橙、绿三色图形，得到基本确认的循环单元。将图形改为黑色，便于检查接缝是否合适。拷贝循环单元，平移直至铺满整个画布，检查每个循环单元的边缘接缝处是否有图形错位的情况，通过手绘来完善细节。

07 完稿并查看平铺效果

点击循环单元所在图层，选择"阿尔法锁定"，该功能可以锁定图层中的图形形状，结合画笔涂抹快速对图形进行改色。"阿尔法锁定"是绘图中非常重要的辅助功能，建议不了解的同学自行搜索学习。

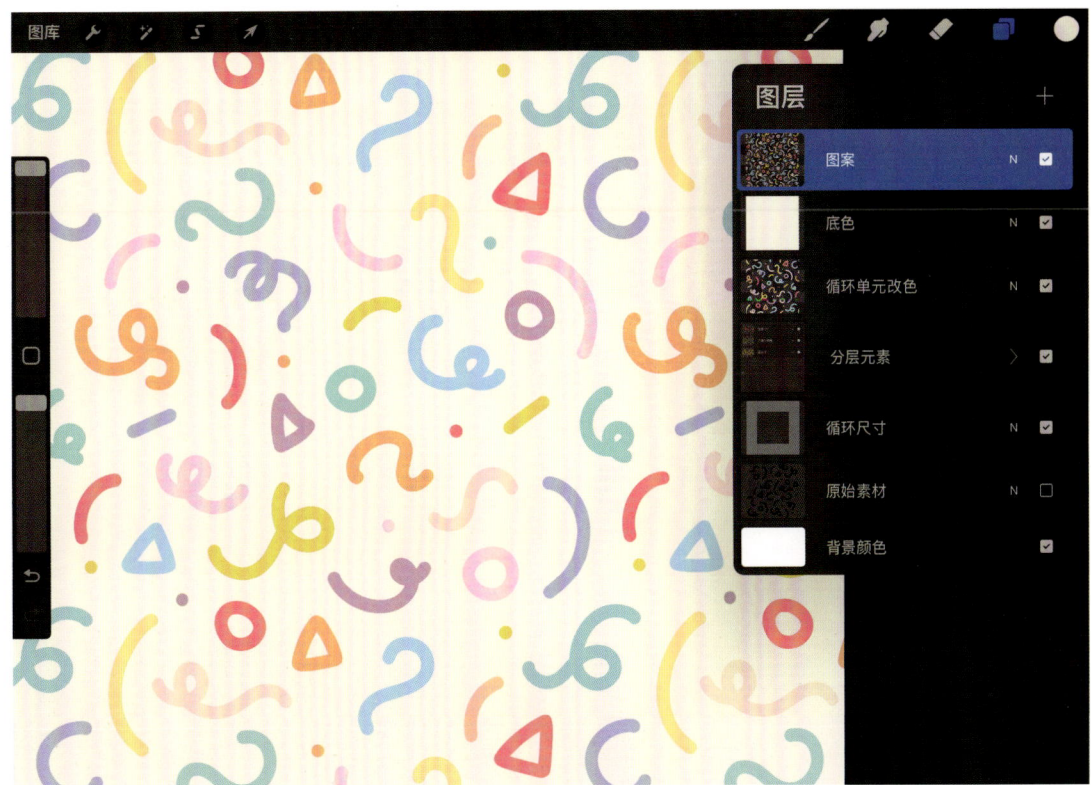

2.9 图案填充教程

在本小节中，我们将学习如何制作逼真的产品效果图，将自制的图案稿件与产品有效地结合起来。首先，我们需要了解"剪辑蒙版"的图层模式和"正片叠底"的颜色混合模式，它们是图案填充的关键。

- **剪辑蒙版**
通过使用处于下方图层的形状，来限制上方图层的显示状态，达到一种剪贴画的效果。

- **正片叠底**
一种图层混合模式，使多个图层产生叠加混合变暗的效果，多用于阴影加深和图案贴图。

- **补充信息**
在随书附赠的资料包中可获得右侧发圈的原图稿件。
在 6.6&7.6"系列设计展示"小节中可以看到高阶版本的产品效果图。

01 提取产品图形

推荐画布尺寸为宽度 3000px，高度 3000px，300dpi。

置入产品图。点击画面左上角的"选取－手绘"，用画笔沿着发圈的外轮廓勾勒形成闭合图形，点击下方"拷贝并粘贴"，得到新图层并命名为"发圈"。擦除发圈内部留白的部分，隐藏"原图"和"背景颜色"检查发圈外轮廓形状。

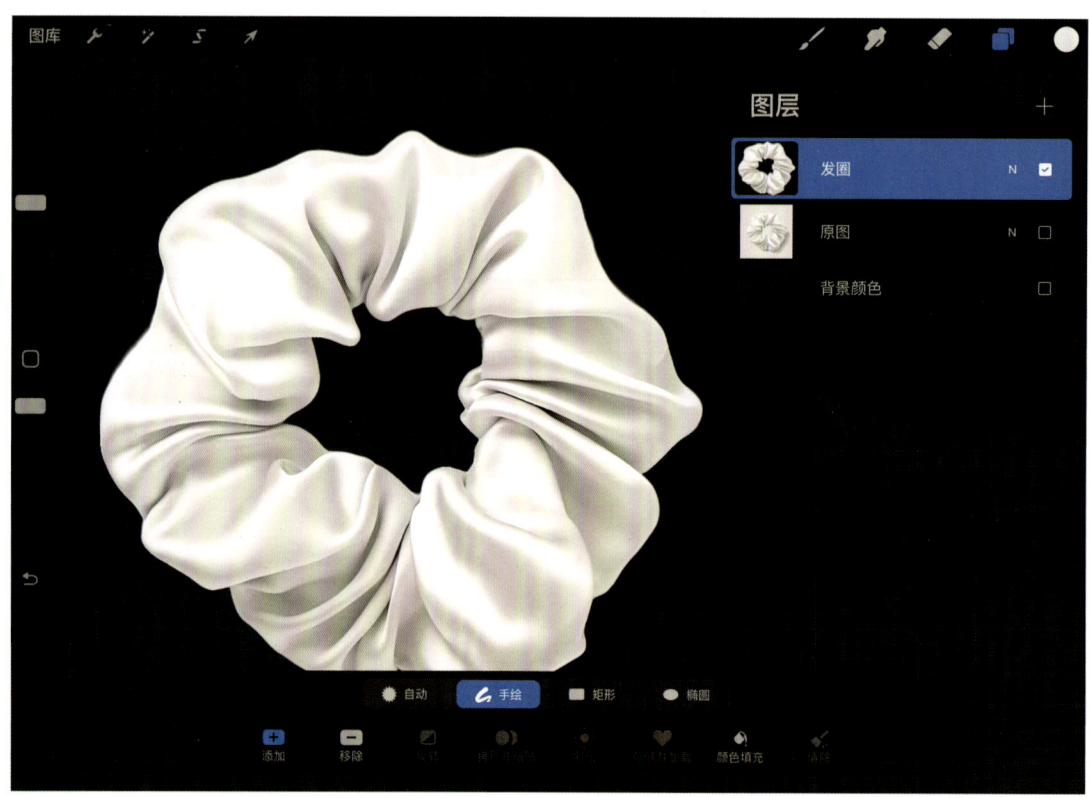

02 使用剪辑蒙版

置入贴图的图案素材，放置于"发圈"图层上方，点击"图案"并勾选"剪辑蒙版"选项。画面此时呈现出：处于下方图层"发圈"中产品图形的形状限制了上方图案的显示状态，我们得到一个发圈形状的碎花图案。

03 使用正片叠底

点击"图案"图层右侧的 N 标识，界面会自动展开该图层的颜色混合模式选项，选择"正片叠底"或"线性加深"，就可以将"图案"与"发圈"这两个图层包含的所有的色彩明暗关系叠加，混合得到逼真的贴图效果。

Chapter

图案设计基础

设计基础是指设计领域中的基本概念、原则和技能，包含色彩理论、视觉元素、设计原则、设计思维等。设计基础是每位设计师必须掌握的核心知识，作为设计领域的通识，它们为创意的发展和实现提供了坚实的理论和实践基础。

本章根据本书特定的服饰图案方向将设计基础精编为图案设计基础，分析各大服装品牌的案例，结合轻松的小练习帮助读者更直观地了解图案设计的每一个要点，为艺术审美打下基础。在本章中，你可以了解到图案的色彩构成、基本图形元素、构图原则和组织类型。

3.1 图案色彩构成

没有一种视觉元素能够像色彩那样给我们带来如此直观、强烈的感受，每个人都有属于自己的色彩偏好，并总是受到它的吸引。在图案设计中，色彩理论以美观和谐的方式控制色彩的使用，从而强化图形产生的装饰效果。

在学习色彩的应用技巧之前，我们先了解一些基础的色彩理论。

3.1.1 色彩理论

色彩的成因

所有色彩的本质皆源于光，任何物体本身并不具备固有的颜色。以红色颜料为例，当光线照射到其表面时，颜料会吸收除红色光之外的所有光线，而我们所看到的正是其反射的红色光。当不同色相的颜料混合时，由于它们共同吸收了更多的光谱色，所呈现的颜色便显得更加深暗。

进行数码绘图时，软件能够帮助我们节省调和色料的时间。我们可以直接在取色器里找到想要的颜色，还可以通过调整功能进行快速修正。

色轮

1666 年，牛顿的色散实验证明阳光可以被棱镜分解成不同颜色——红、橙、黄、绿、蓝和紫，再加上过渡色紫红，就得到了绘图中常用的色轮。

原色： 红、黄、蓝，标号为 1。它们之所以被称为原色，是因为它们无法通过其他颜色调和而成。

间色： 橙、绿、紫，标号为 2。每一种间色都由两种原色调和而成。

复色： 标号为 3，由原色与相邻的间色调和而成。

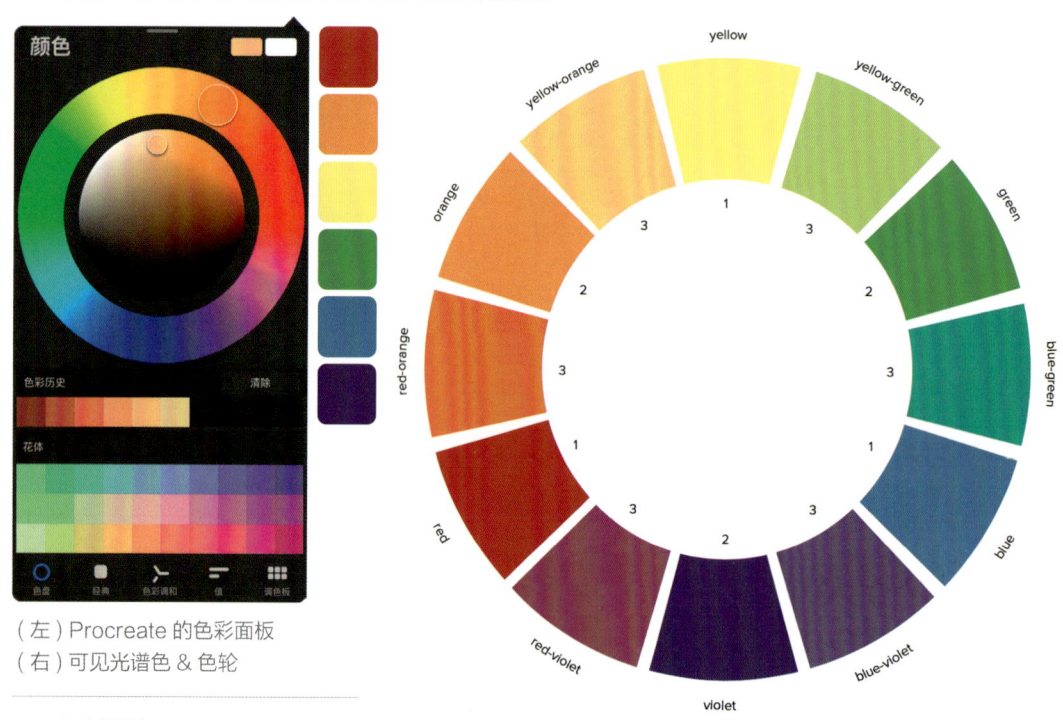

（左）Procreate 的色彩面板
（右）可见光谱色 & 色轮

色彩属性

任何色彩都有三个属性，它们被称为色相、亮度和饱和度。

色相： 指色彩的基本类型，用来描述颜色在色轮上的位置——红色，或黄色，或黄绿色。在色轮上，相邻的色彩会渐变，形成连续的色彩变化。

饱和度： 指颜色的相对纯度。饱和度高的颜色看起来更加鲜艳和鲜明，而饱和度低的颜色则更加淡雅和灰暗。饱和度越高，颜色中包含的灰度越少。

亮度： 指颜色相对的深浅浓淡，也可以理解为颜色的光亮程度。所有色相都具有我们预期会呈现的亮度。比方说，我们通常认为黄色是"浅"色，紫色是"深"色。

如右图所示，在 Procreate 的经典选色器中选择卡其色，下方的三根色条分别对应了该颜色的色相、饱和度和亮度的数值。如左图展示的是 Procreate 的"值"模式，显示当前色彩的 HSB（色相/饱和度/亮度）、RGB 三原色（红/绿/蓝）和十六进制（网页安全色）专属代码，进一步确保选色的精准度。

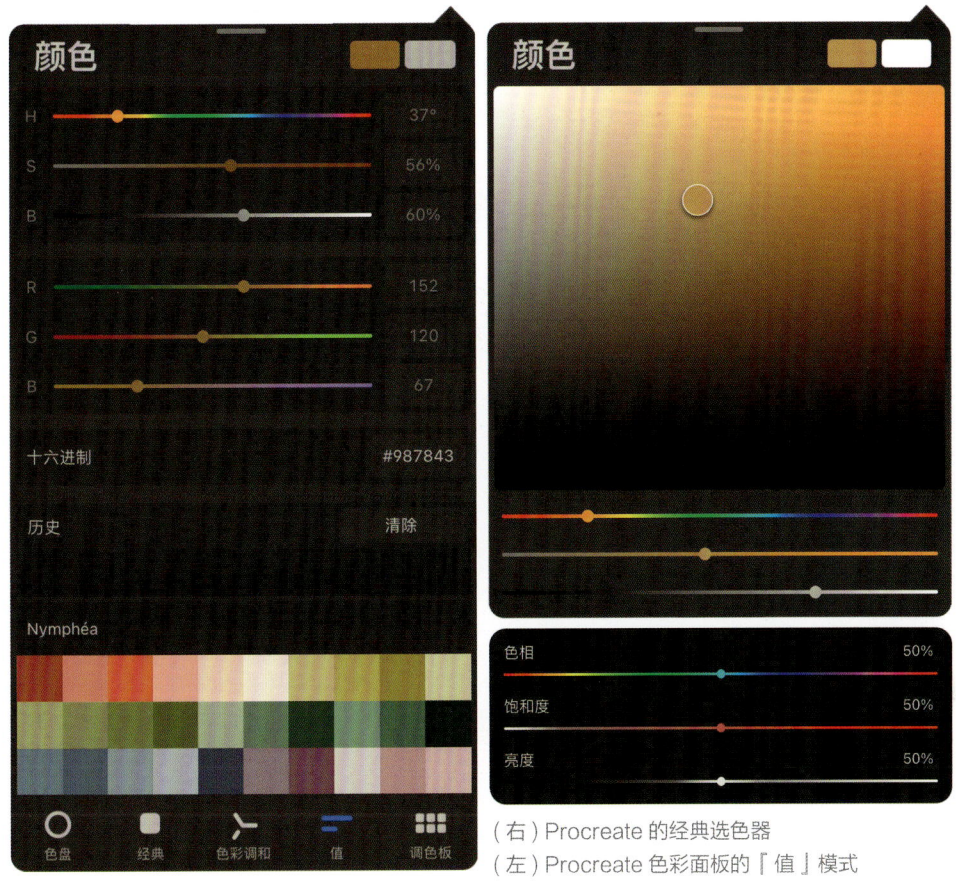

（右）Procreate 的经典选色器
（左）Procreate 色彩面板的『值』模式

3.1.2 色彩搭配

色彩搭配，即配色，是在一件作品中将不同颜色组合在一起以达到特定的视觉效果。在这里，我为大家提供几种基础、经典的配色方法。

（1）单色配色

使用同一色调的不同变化，如不同亮度或饱和度的颜色，来创建和谐统一的效果。左图的丝巾配色用到了米色、亚麻色和卡其色等大地色调，背景色亮度对比低，花卉亮度对比强，整体层次感明显。右图的丝巾使用了同一款配色，但是因为颜色的配比和分布位置不同，呈现出了截然不同的色调氛围。

单色配色的丝巾图案一

单色配色的丝巾图案二

（2）互补配色

用到色轮上互相正对的颜色，产生活泼而对比鲜明的效果。最常见的配对是红与绿、紫与黄、蓝与橙。互补色块放在一起，会使两种颜色看起来更加鲜艳。

在"颜色–色彩调和"界面中，有互补、补色分割、近似、三等分和矩形这五种模式。如右图所示，在"互补"模式下，在取色框中选择蓝紫色，软件会在该光标对面自动标识出蓝紫色的互补色——黄绿色。下方的明度条也可调整。

（左）互补配色丝巾图案，蓝紫/黄绿
（右）Procreate 的"色彩调和–互补"

（左）互补配色丝巾图案，橙/蓝
（右）Procreate 的"色彩调和–互补"

（3）邻近配色

用到色轮上相邻的颜色，如绿色、青色和蓝色，以产生和谐的效果。如右图所示，这种配色方法能够在保持画面效果和谐、柔和的同时，增加一定的色彩变化，以避免用色的单调和枯燥。

（右）邻近配色丝巾图案，绿／青／蓝
（左）Procreate 的"色彩调和－近似"

（4）三色配色

用到色轮上任意三种彼此距离相等的颜色，这种配色方法通常能够产生活泼、多彩但不过于刺眼的效果。邻近配色和三色配色都是在保证亮度和饱和度不变的情况下调整色相，后者的色相变化跨度更大，因而视觉效果更强。如右图所示，粉色、绿色和蓝色的色相差相同，组合使用时呈现出多变且和谐的视觉效果。

（右）三色配色丝巾图案，蓝／绿／粉
（左）Procreate 的"色彩调和－三等分"

（5）自由选色

上述提到的这几种配色方法，叫作限制选色，即通过对色相、饱和度、亮度的限制，以确保所选颜色之间的和谐和搭配效果。当然，大家在创作时，也可以选择自由选色，跳脱出理论的条条框框，根据具体情况和个人喜好选择颜色。

3.1.3 色调构成

在自然环境与生活环境中，充满了色调各异的色彩组合画面，比如春天的花红柳绿和节日的张灯结彩。所有的视觉元素都在有序或无序的对比统一之中，色调构成是在复杂的自然与人工色彩环境中探索有序的色彩组合关系。本小节延续着上一节的基础配色方法，进一步探索更多色彩组合所产生的视觉效果。

轻重色调

色彩的轻重感来自生活中的体验，比如：白色使人联想到云朵与雾气，感觉轻柔缥缈；棕色使人联想到泥土与树干，感觉沉稳可靠。在下方的九宫格配图中，我们将通过控制变量法，来研究色彩的色相、亮度和饱和度对轻重色调的影响。

如图所示，将每张图上的花色和底色进行比较。第一行，同色相＋同饱和度＋不同亮度的轻重比较，亮度越高，感觉越轻；第二行，同饱和度＋同亮度＋不同色相的轻重比较，冷色比暖色感觉更轻；第三行，同色相＋同亮度＋不同饱和度的轻重比较，饱和度越高，感觉越轻。

九宫格轻重色调研究

冷暖色调

色彩的冷暖调是根据视觉心理对色彩的感知来分类的。波长较长的红光、橙光和黄光，给人温暖的感觉；波长较短的紫光、蓝光和绿光，给人寒冷的感觉。图案的冷暖色调与应用场景的需求有关，比如在快餐连锁店里，常见有促进食欲的暖色调图案。

如左图所示,橙粉配色的暖色调图案给人一种活泼热烈的感觉,而右图中蓝绿配色的冷色调则散发出一种冷静淡雅的气质。

橙粉配色的暖色调　　　　　　　　　　　蓝绿配色的冷色调

复合色调配色

复合色调通过混合、叠加或调和多种颜色来达到特定的视觉效果或情感表达,是在色彩的相互作用下形成的一种复杂的视觉效果。

如下图所示,黑白色与粉色的复合色调中,纯色的部分显得更为鲜艳,使鲜花有了突破灰调绽放色彩的故事感。

黑白色与粉色组合形成的复合色调

3.1.4 配色练习

本小节将以伊斯兰经典图案作为教案，讲解几何色块的配色方法。本次练习包含以下操作：使用绘图指引－对称功能、绘制闭合线稿、使用速创手势、新建调色板、填充颜色和图案分层。

▪ **画布尺寸参考**
宽度 4000px，高度 4000px，200dpi。

▪ **笔刷参考**
使用"常用笔刷－单线"绘制闭合的几何图形。

▪ **补充信息**
在随书附赠的素材包中可获得笔刷和几何图形的线稿。

▪ **准备网格**
绘制对称图形须打开"操作－画布－绘图指引－编辑绘图指引－对称－径向"；并在图层栏里点击"当前图层－绘图辅助"确保对称功能启用。

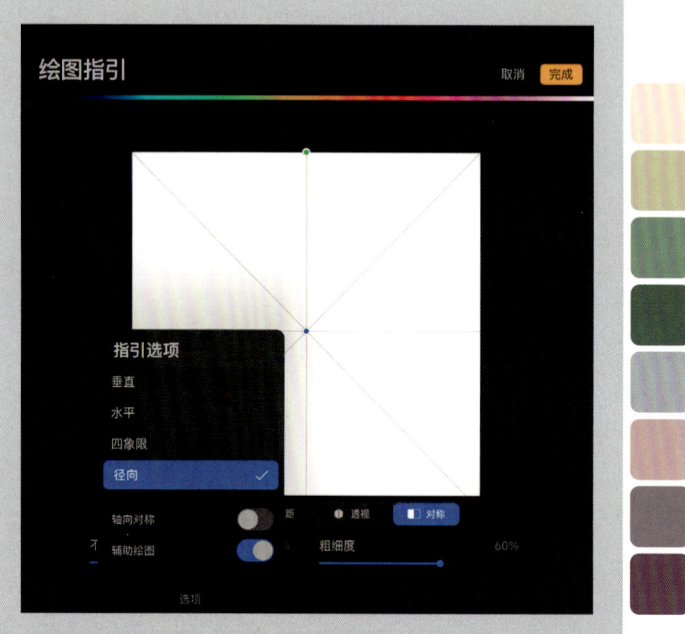

01 完成线稿

使用软件自带笔刷"书法－单线"，尺寸调至 1%，绘制闭合的几何图形。

方法一：扫描或拍摄下方图稿并导入软件进行描摹，得到线稿。
方法二：在随书附赠的素材包中获取 png 格式线稿，导入软件直接使用。
方法三：自行绘制其他形态的闭合图形进行后续练习，注意须是闭合图形。

02 导入调色板

打开调色板，点击右上方加号，选择"从照片'新建'"导入收集的灵感素材。比方说选择了右上角的睡莲素材，软件会提取图中主要的颜色，生成一个新的调色板。点击调色板右上角"…"，点击"设置为默认"，即可将其投入使用。

还有其他的导入创建方式，或者新建空白调色板再手动添加颜色，都是可行的。

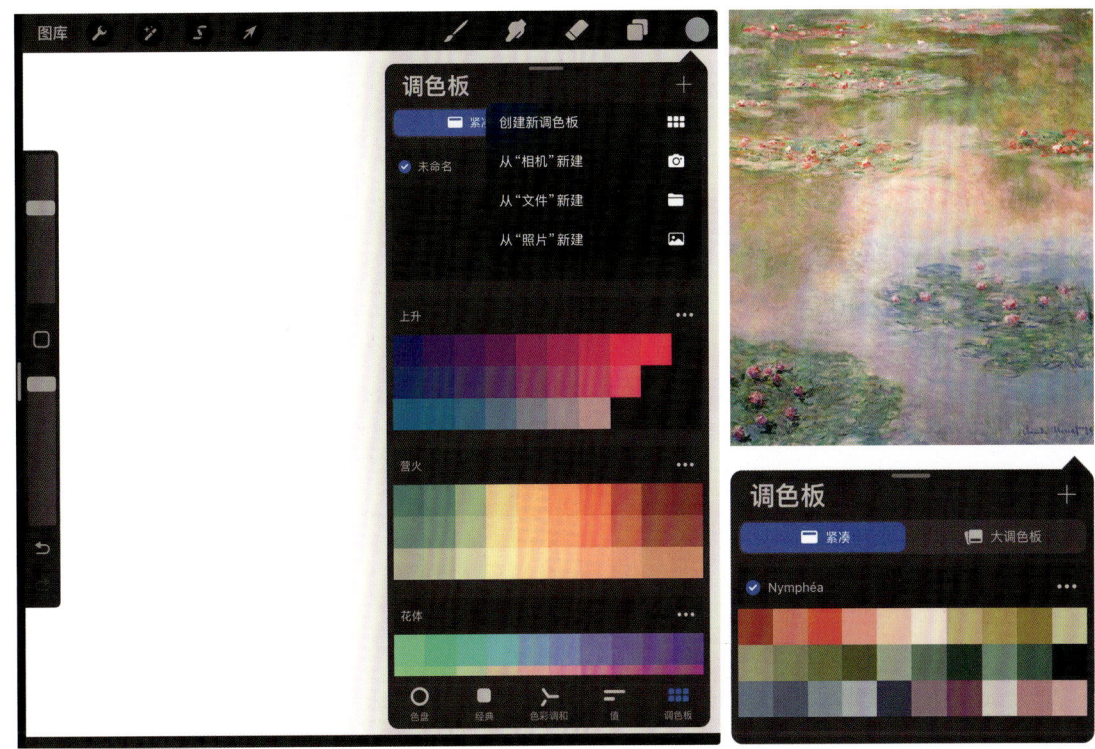

03 填充色块

复制一层线稿作为备份，拖动右上角的色彩移动至空白图形中进行填充。建议每选择一种颜色，就多复制一层线稿，做到每一个图层都对应一种颜色。这样的分层习惯可以帮助我们后续自由地调整每一层图形的"色相、饱和度、亮度"。

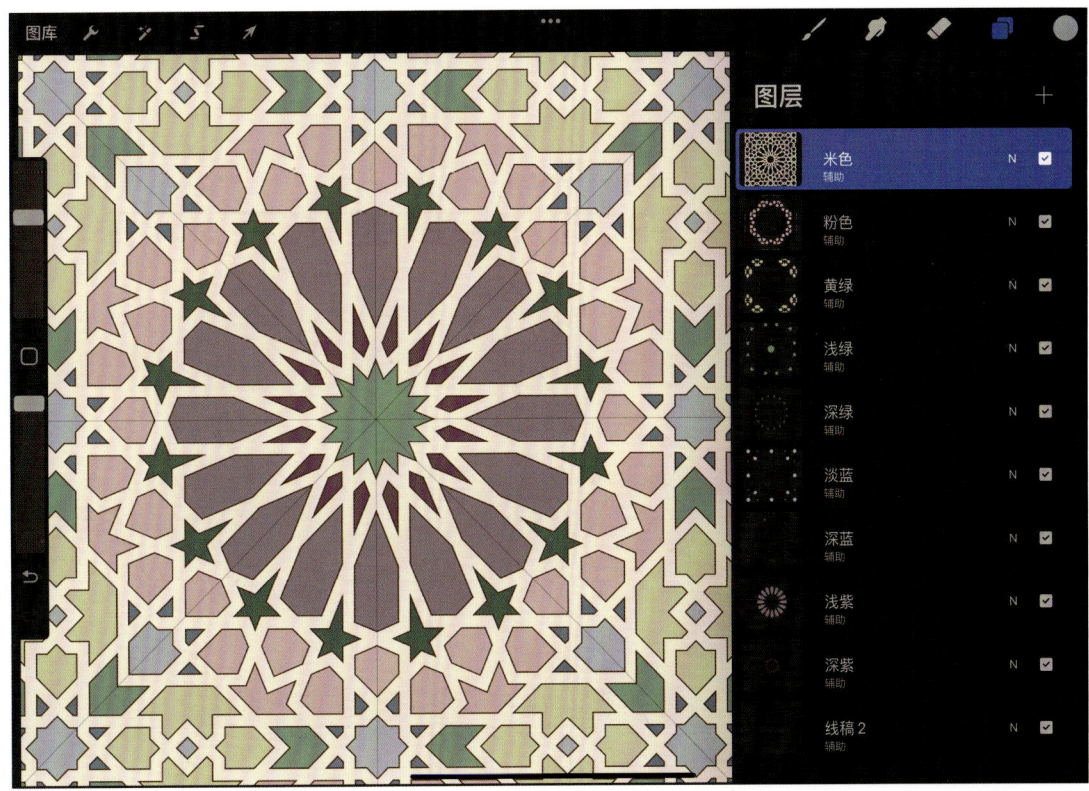

3.2 基本图形元素

图形是指在平面或空间中具有形状、轮廓和结构的视觉表现形式，它们可以由点、线、面或色彩等基本元素组成。图形不仅仅是静态的形象，它还可以通过叠加色彩和材质，或是结合不同的构图形式来表达特定的信息或情感。

让我们以最简单的图形元素——点线面为例，通过其形态和组合的变化，来了解图形的装饰效果。

3.2.1 点、线、面的概念和特点

点元素

在几何学上，点是指没有长、宽、厚而只有位置的一个概念元素，没有大小。在视觉设计中，点被赋予了大小的特性，具有面积和形状。在 Procreate 里，用圆头笔刷单击画面即可得到一个点。通过不同笔刷、元素的排列方式和下笔方式的组合，简单的点元素也可以呈现多种风格。

在点元素的绘制练习中，可以从最简单的正圆开始尝试。使用"常用笔刷－单线"轻触屏幕得到正圆形，也可以用"椭圆选区"结合"速创手势"得到正圆形。通过改变点元素的形状、尺寸、色彩和疏密关系来实现图案的变化。

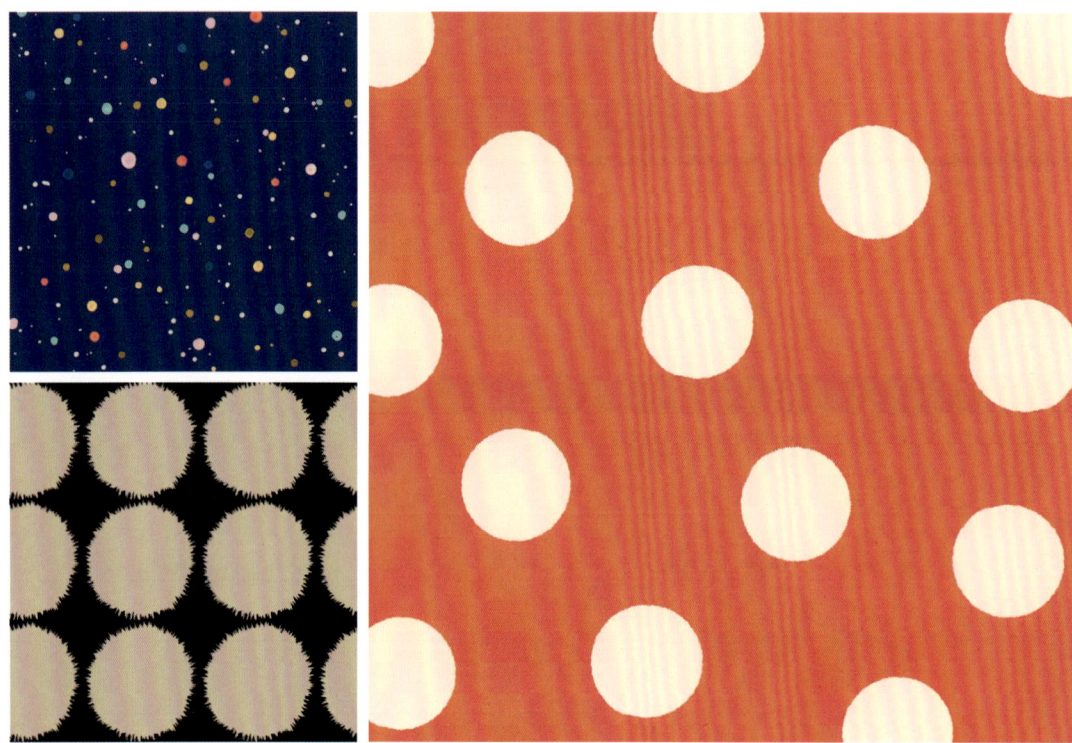

（左上）描绘星空的波点图案　　简洁经典的波点图案
（左下）外边缘形状夸张的波点图案

线元素

点的移动形成线。在几何学上，线没有粗细，只有长度和方向。在视觉设计中，线可以根据宽窄、长度和虚实等进行分类。在 Procreate 里，根据笔刷的选择不同，我们可以得到优雅的、强劲的、圆滑的、蜿蜒的等多种风格的线条。

在线元素的绘制练习中，可以从最简单的直线开始尝试。使用"速创手势"得到垂直线、水平线和斜线。注意观察不同笔刷和下笔力度对线条粗细和形态变化的影响。绘制熟练后，可以尝试曲线类的图案创作。

（左上）形态轻巧的条纹图案
（左下）蜿蜒扭曲的条纹图案
形态"笨拙"的条纹图案

面元素

　　线的移动形成面，面没有厚薄。在视觉设计中，面可以根据形状、曲率、虚实和深浅等进行分类。在 Procreate 里，可以使用画笔进行绘制，可以使用选区和填色进行绘制，也可以用选区拷贝截取，多种方式都可以帮助我们得到色块。

　　在面元素的绘制练习中，可以从最简单的几何形开始尝试。使用笔刷绘制或者"选区功能"得到基本图形。绘制熟练后，可以尝试用面元素创作剪影类图案。

（左上）造型简单的花卉块面图案
（左下）结构复杂的花卉块面图案
规律齐整的几何块面图案

3.2.3 元素的绘制练习

本小节将以点元素作为教案，讲解点元素的绘制及基本的排列方法。在练习中，我们需要绘制一个造型夸张的波点元素，并将其整齐地排列至铺满整个画布。本次练习包含以下操作：使用绘图指引 – 网格功能、笔刷应用、颜色填充、对齐移动，帮助同学在绘制过程中进一步加强对软件的熟悉度。

▪ **画布尺寸参考**
宽度 1000px，高度 1000px，200dpi。

▪ **笔刷参考**
使用"常用笔刷 – 万能笔刷"绘制点元素。

▪ **补充信息**
在随书附赠的素材包中可获得笔刷和波点元素的图稿。

▪ **准备网格**
打开"操作 – 画布 – 绘图指引 – 编辑绘图指引 –2D 网格"，将网格尺寸设置为 250px，使画面被分为十六个小格。

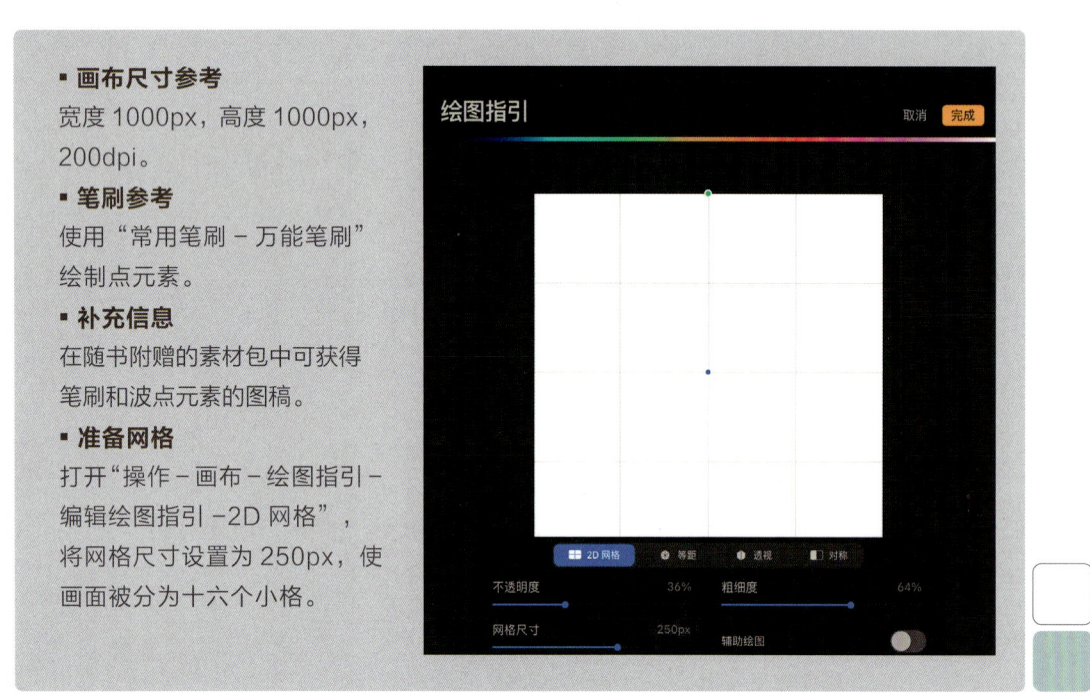

01 绘制元素
吸取任意颜色，在一个小格子的范围内绘制一个波点元素。
使用"常用笔刷 – 万能笔刷"，先绘制波点"毛茸茸"的外轮廓边缘线，再对封闭图形内部进行填充。注意：图形的边缘不要超过网格。

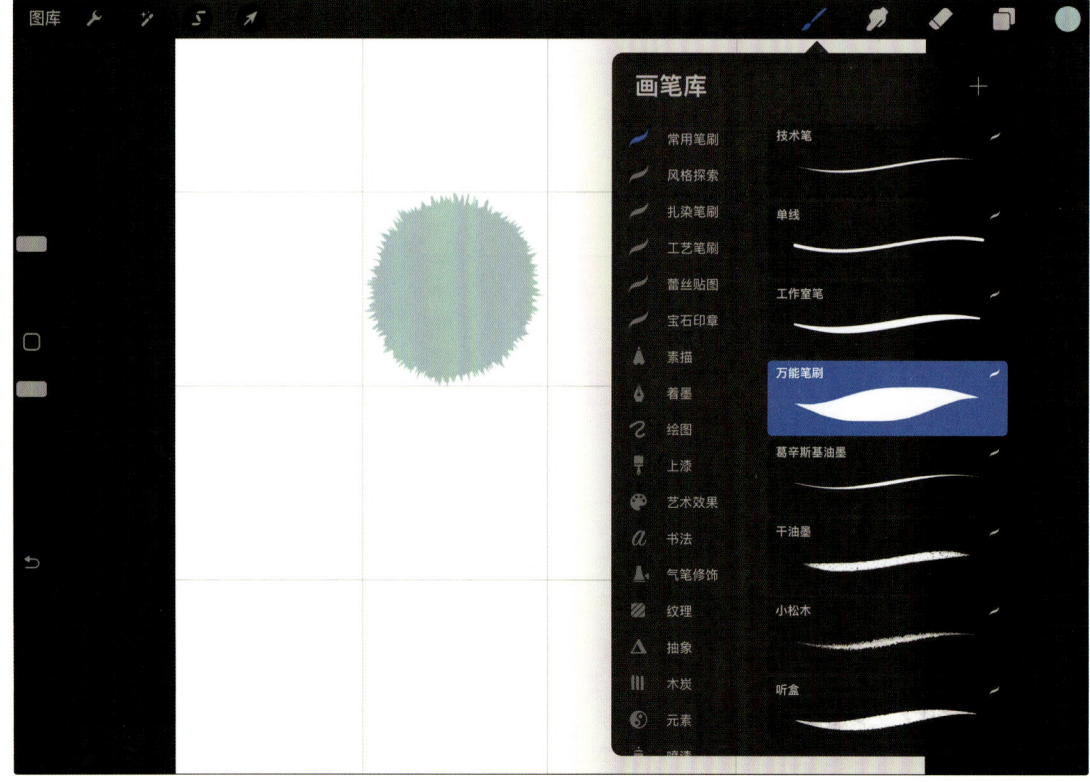

02 排列元素

拷贝元素，将每一个波点元素放置在格子的正中间。在移动元素时，如右上角的示意图，打开浮窗左下角的"对齐-磁性"。在移动元素过程中，软件会自动帮你矫正方向，实现元素在垂直和水平方向的平行移动。

调整元素的颜色，并为之搭配合适的底色。

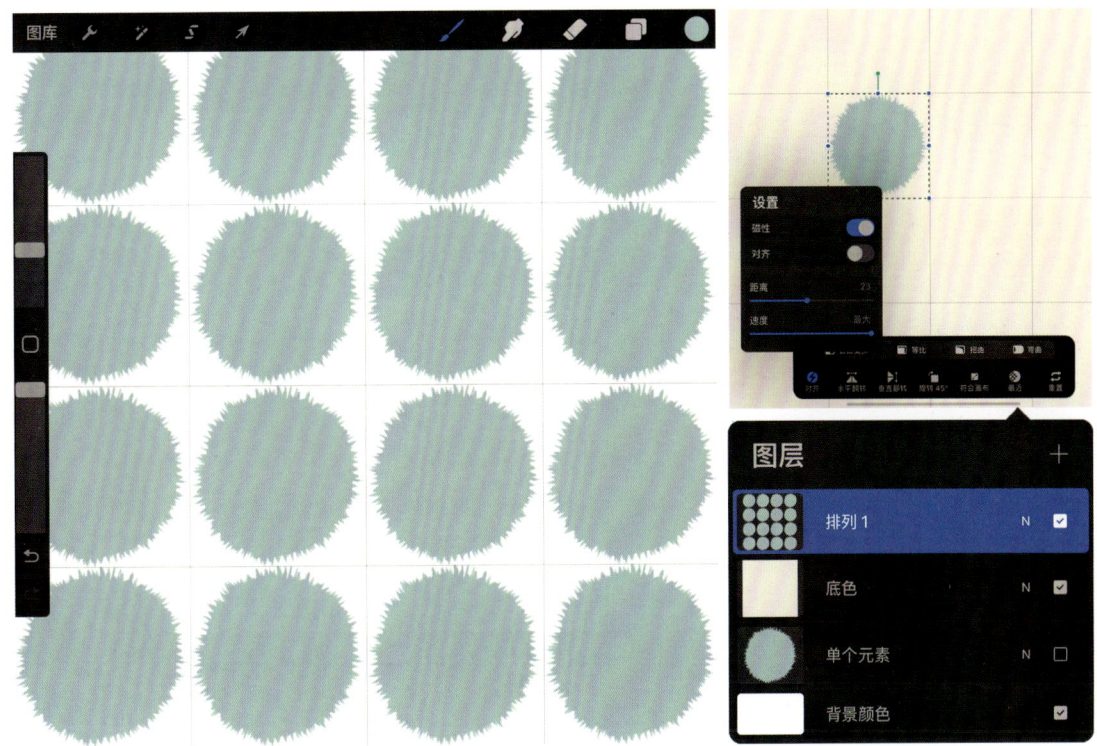

03 更多排列方式

在图层"排列 1"中，每一个元素都位于格子中间，是图案设计中最为基础的排列方式。在图层"排列 2"中，一排元素中心对齐网格的交点，相邻一排元素错位放置在垂直线中央。大家可以自行探索其他的排列方式。

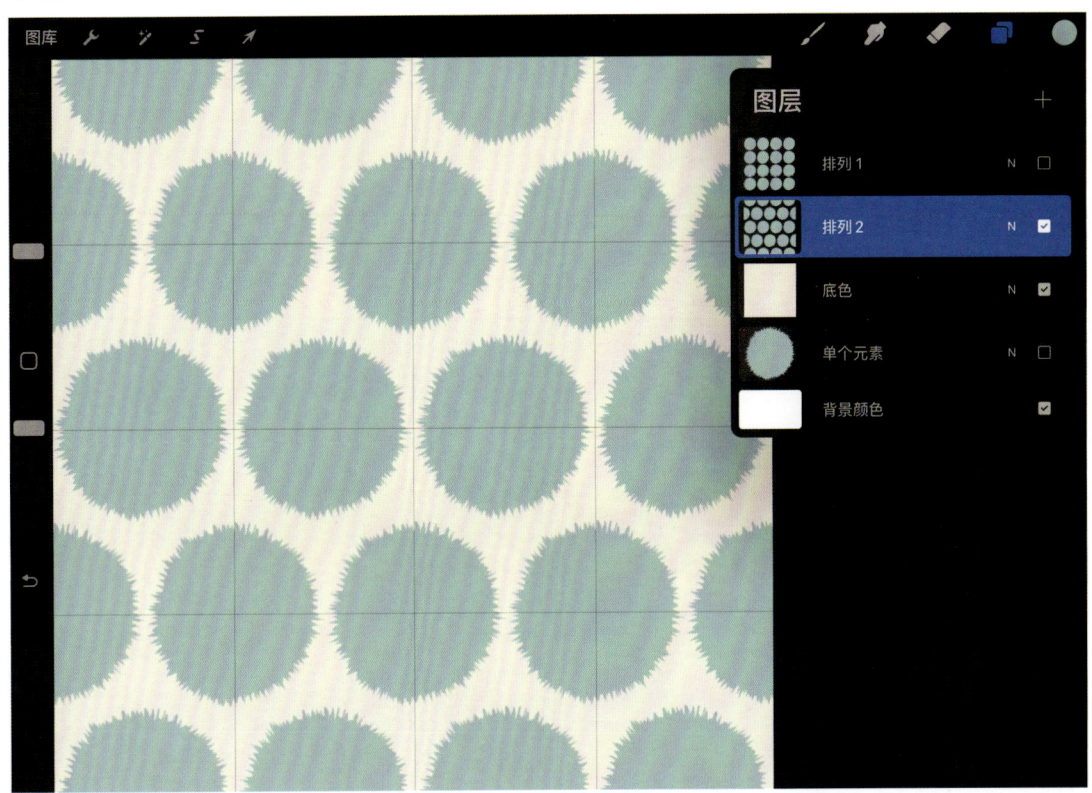

3.2.4 元素的应用练习一

本小节将以茶壶作为教案,讲解点元素的绘制及其应用方案。本次练习包含以下操作:使用绘图指引-网格功能、笔刷应用、剪辑蒙版和速创手势。希望本次练习能够激发大家对于元素组合的探索欲。

▪ **画布尺寸参考**
宽度 2000px,高度 2000px,200dpi。

▪ **笔刷参考**
使用"常用笔刷-单线"绘制茶壶的轮廓线。
注意:外轮廓线为闭合图形。

▪ **补充信息**
在随书附赠的素材包中可获得笔刷和茶壶的线稿。

▪ **准备茶壶基底**
可以自行绘制线稿,也可以直接导入线稿素材。
新建图层绘制茶壶的底色。

方案一

在底色上方新建图层,以"剪辑蒙版"模式为底色绘制波点装饰图案。

打开"操作-画布-绘图指引-编辑绘图指引-2D 网格",将网格尺寸设置为 26px,使用"常用笔刷-单线-尺寸 40%"在网格的交点上绘制波点。可以绘制局部元素,其余部分通过拷贝元素平移进行补全。

方案二

使用"常用笔刷 – 单线 – 尺寸 15%"绘制壶盖上的小波点。

使用"选择 – 椭圆"结合速创手势得到正圆形选区，拖动右上角的颜色至选区内进行填充，速创手势用法参考 2.3"速创形状"。

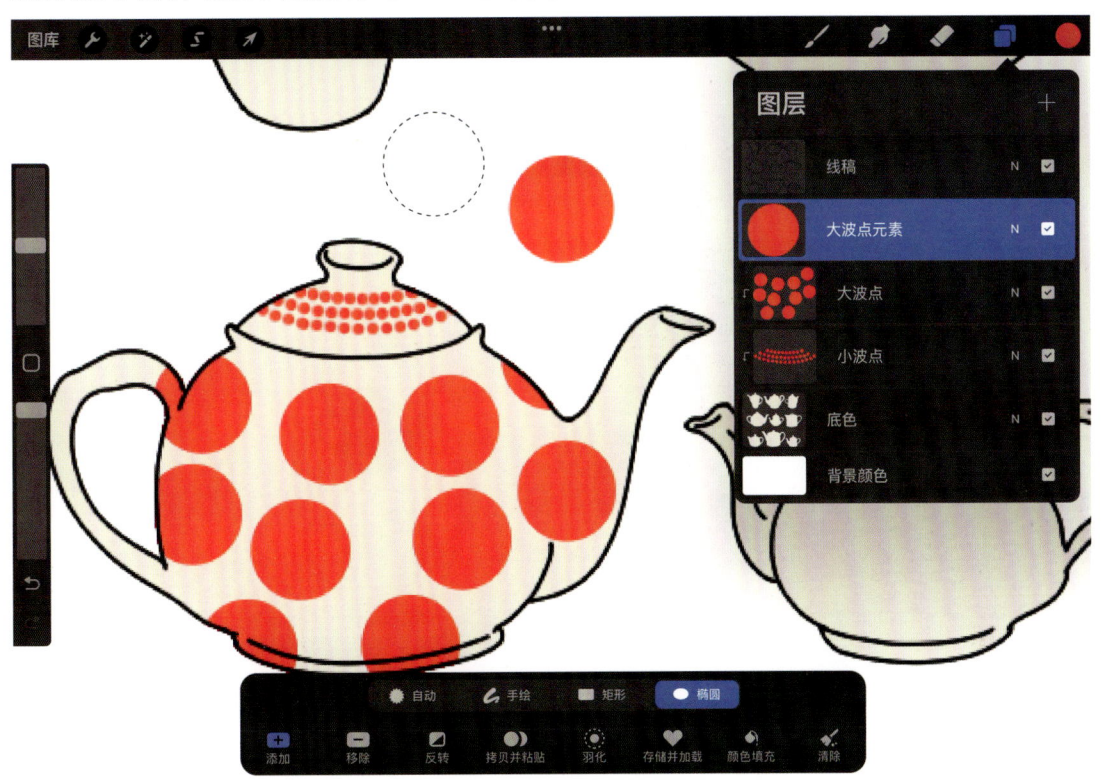

方案三

在方案二中，大波点和小波点分别用于装饰壶身和壶盖。在方案三中，大波点和小波点组合在一起使用，体现了"点动成线"的概念。大家可以参考这三个方案，尝试改变波点的大小、排列和组合方式，把这九个壶填满吧！

3.2.5 元素的应用练习二

本小节将继续以茶壶作为教案，提供更为丰富的点、线、面元素的组合及应用方案。本次案例包含格纹、抽象几何、花卉纹样，用到的笔刷是"万能笔刷"和"葛辛斯基油墨"，同学们在练习时可以先简单临摹，再进行创作。

▪ **画布尺寸参考**
宽度 2000px，高度 2000px，200dpi。

▪ **笔刷参考**
使用"常用笔刷 – 单线"绘制茶壶的轮廓线。

▪ **补充信息**
在随书附赠的素材包中可获得笔刷和茶壶的线稿。

▪ **准备茶壶基底**
可以自行绘制线稿，也可以直接导入线稿素材。
新建图层绘制茶壶的底色，可以预先想好整个画面的色调。

元素组合

以黄色茶壶为例，来介绍不同元素对应的图层分布。除了线稿和底色以外，图案中的花蕊、花瓣、花梗和叶子各自对应一个图层。其中，花蕊对应点元素，花瓣和叶子对应面元素，花梗对应线元素。

观察其他茶壶，请先从图案中分离出点、线、面元素，再进行临摹与创作。

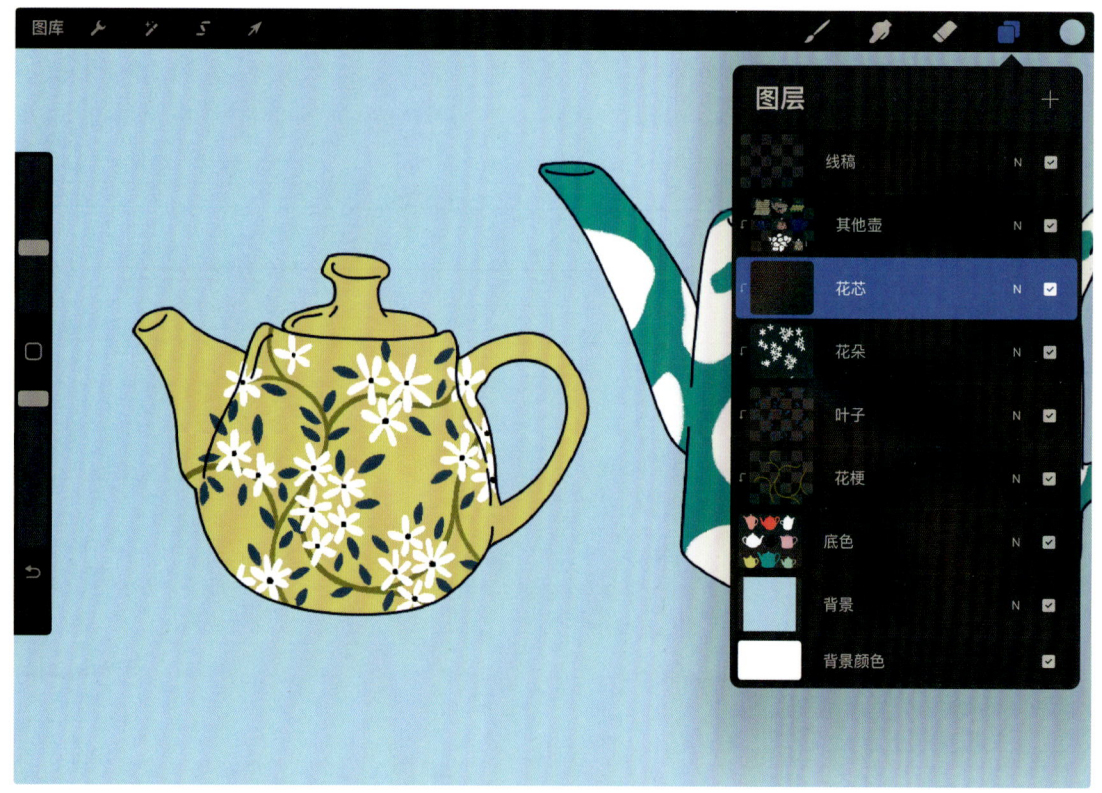

3.3 构图原则

当图案设计师开始组合元素时,将面临无数选择。画布要选择什么比例?用哪种线条以及线条应该安排在哪里?图形之间留多少空间?在上一节中讨论的那些元素必须按照设计师的表现意图组织起来。

本小节将通过案例分析为大家介绍五种基础的构图设计原则。

3.3.1 统一与多样

统一和多样存在于同一个序列中,序列的一端是绝对的平淡乏味,另一端是彻底的混乱无序。就图案设计而言,充分的视觉统一性和丰富的元素多样性并存,便是一个作品的最佳状态。对于设计师来说,拥有独树一帜的个人风格以及源源不断的创作灵感,便是他职业生涯中的最佳状态。

如左图所示,涂鸦图案是在统一的水彩画风格下,发挥出笔触在色彩、形状和含水量等方面的多样性。右图展示的刺绣图案,整体呈现出统一的田园主题,并且瓜果元素在绣法上有所变化,尤其是米珠和珍珠的运用使画面变得灵动活泼。

Rosie Assoulin 涂鸦主题印花图案　　Schiaparelli 田园主题刺绣图案

3.3.2 对称与平衡

视觉分量指构图中经过组织的形式各自呈现出的"重"或"轻"的感觉,判定轻重的标准取决于它们吸引观众目光的时间长短。当视觉分量均匀分布在画面的两侧或不同区块中时,我们就会觉得构图是平衡的。

研究视觉分量的分配法则不仅能帮助我们制作平衡和谐的作品,还能加重画面视觉中心的分量,营造更具张力的效果。

对称平衡

在对称作品中,暗含的重心是垂直轴线,即在想象中沿着构图中央垂直画下的线。在 Procreate "操作 – 画布 – 编辑绘图指引"中就能找到垂直、水平、四象限和径向这四种对称方式,可以帮助我们绘制出完美对称的图形。

如下图所示，在两组径向对称的图案中，画面被分为八个区域。每个区域中蝴蝶的形态和位置分布几乎完全相同。其中，左图的蝴蝶元素集中在画面中央，右图的蝴蝶元素集中在画面边缘线附近，充分展示了留白的艺术。

Alexander McQueen 蝴蝶主题丝巾图案

非对称平衡

如果非对称构图两边包含的视觉分量构成相似，那么它就构成非对称平衡。

如左图所示，五组图形展示了非对称平衡的五条基本的规律：

大图形看起来比小图形重；相同大小，深色图形看起来比浅色图形重；相同大小，复杂图形看起来比简单图形重；多个小图形组合可以平衡单个大图形；较小的深色图形可以平衡较大的浅色图形。

在右图展示的不对称构图中，左右两边的植物不仅仅在色彩配比上达到平衡，点元素和线元素的构成也基本一致。虽然植物的姿态各异，但是画面重心依旧落在中间的船上，营造出一种乱中有序，生机盎然的氛围。

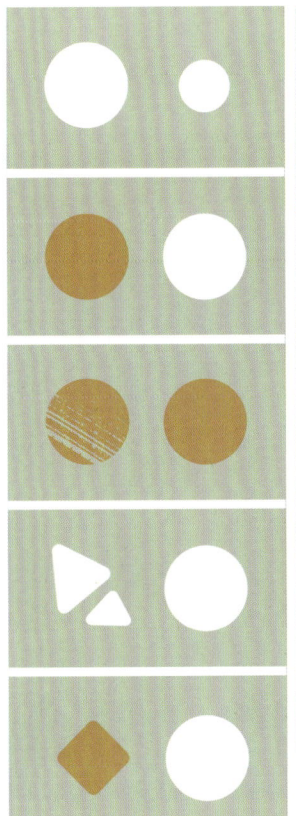

（左）视觉分量的控制变量分析组图
（右）爱马仕自然主题丝巾图案

3.3.3 重点与次要

重点，指构图中某些比其他部分更加吸引人的内容。为了突出重点区域，次要部分有时候会被故意设计得简单低调一些。当然，在塑造画面的主次关系前，我们要先熟练地掌握每一个元素的视觉重量以及元素之间的调和关系，在保证画面平衡和谐的前提下，再去调整视觉重量的配比。

左图展示的是一款千鸟格面料和立体装饰花的组合。花卉部分鲜艳且立体、底图部分简洁低调，图案的主次关系明显。右图展示的是一款蕾丝面料，在白色蕾丝底布上缝制了绣法更为精细的花卉绣片，使整体的装饰效果更进一步。

Dolce&Gabbana 复合面料

Oscar de la renta 蕾丝面料

3.3.4 尺度与比例

尺度是指物体的尺寸大小，它是一个相对的概念。在不同的场景下，对于尺度的感知会有所不同。在创作中，极端的尺度变化能产生出人意料的视觉效果。

比例，指作品的整体和局部之间，以及不同组成部分之间的尺寸关系。比方说，对于同一款花卉图形，如果将其尺寸缩至很小的比例，则呈现碎花状态；如果放大至很大的比例，则呈现抽象的色块状态。

三张配图展示了花卉图形在三种比例下的装饰效果。图一展示了一组家居产品，结合了超大号的花卉图形，强调了品牌的现代感。图二中的服装图案在中花状态下更强调秩序感，搭配套装款式赋予模特干练的气质，适合通勤或日常穿搭。图三中的服装图案在大花状态下看起来更活泼且更富有个性，搭配连衣裙款式则更适合休闲的度假氛围。

Marrimekko Uikko 超大花图案

Marrimekko Uikko 中花图案　　　　　　Marrimekko Uikko 大花图案

3.3.5 节奏与韵律

　　四季更替有节奏，月盈月亏有节奏，生物的呼吸和心跳有节奏。节奏，是事物发展的本源，也指挥着艺术的表达与接收。在绘画中，节奏指的是作品中视觉元素的排列和变化规律。它不同于音乐中的时间节奏，而是通过视觉元素的重复、变化和对比来创造出一种轻重缓急的韵律，从而引导观者的视线和情绪体验。

　　左图展示了一组蜿蜒的水墨画线迹，根据墨水的浓淡变化，我们仿佛能够想象到笔刷在每一个拐点的顿感以及线迹行云流水的走势。右图展示的火苗型图案在横向扩展时产生强有力的拉扯感，营造了一种热烈、飞驰的节奏感。

Issey Miyake 线条感图案　　　　　　Emilio Pucci 块面感图案

3.3.6 构图练习

本小节以碎花图案作为教案，来帮助大家理解如何在非对称构图中找到画面的平衡感。虽然用作练习的花卉元素形态简单，但也要兼顾其多样性。本次练习包含以下操作：元素绘制、元素分组、元素排列和剪辑蒙版的使用。

▪ **画布尺寸参考**
宽度 2000px，高度 2000px，300dpi。

▪ **笔刷参考**
使用"常用笔刷－万能笔刷"，绘制花瓣和花蕊。

▪ **补充信息**
在随书附赠的素材包中可获得笔刷和花瓣的底色图稿。

▪ **设计思路**
你可以提前预设，画面中元素的排列情况给人一种什么样的感觉？松散的、紧密的、平衡的、混乱的……

01 绘制草稿

使用任意笔刷绘制不同颜色和尺寸的椭圆形作为花型的草稿。比方说，我们现在计划将视觉重心放在画面中最大的花型上，所以将其颜色设置为红色。第二视觉重心为紫色区域，所以观众的浏览顺序应该为红－紫－绿/黄。留白处为更小的花型，将在第二步中直接进行绘制。

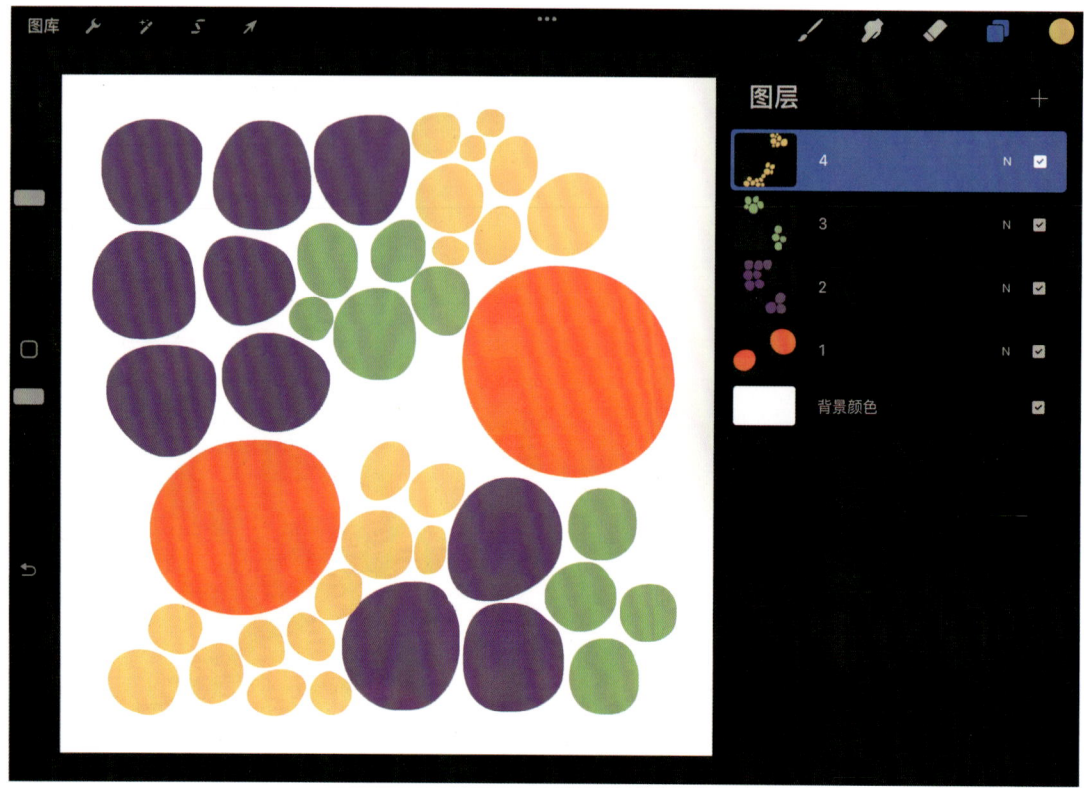

02 绘制元素

根据草稿的图形分布和色彩状态绘制出花型的基本样式。在绘制时设置花型的差异性，比如花卉的构成、花瓣的数量和花蕊的形态等。尽量使元素分布均匀，紧贴方形轮廓，并用小碎花补全空白区域。

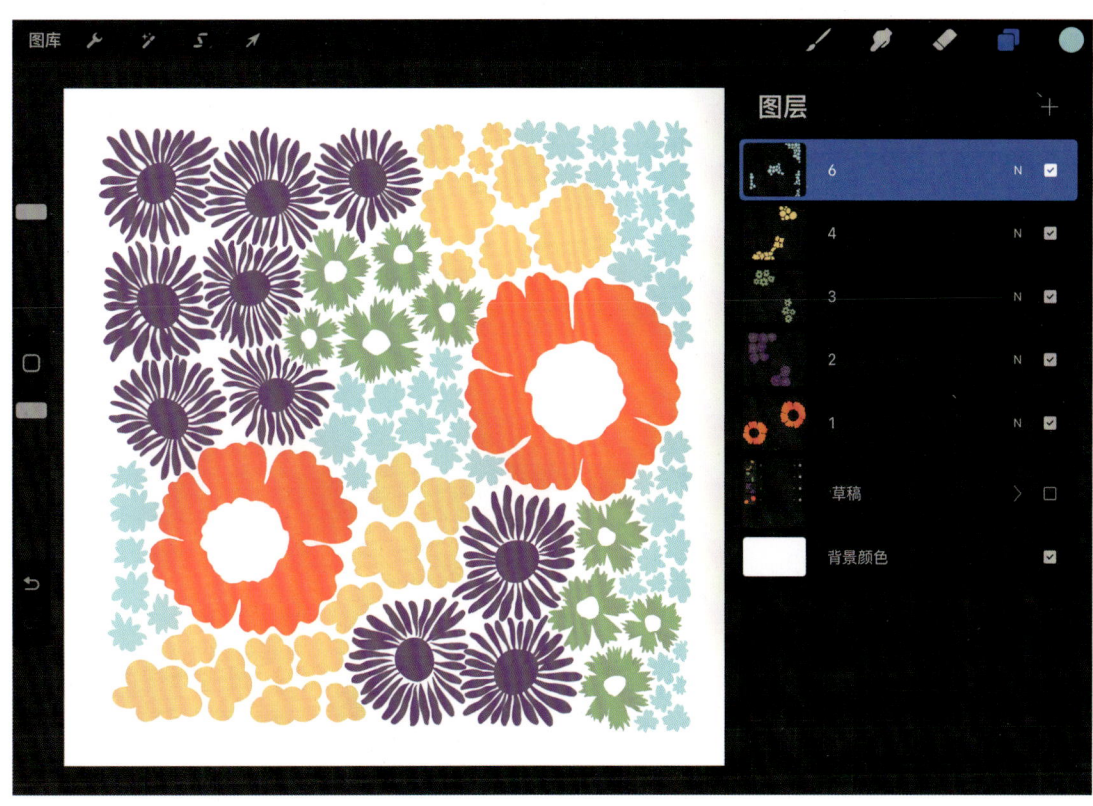

03 完善细节并完成配色

新建图层"花蕊"为元素增加细节，使用"剪辑蒙版"完成对所有图形的填色。新建图层作为图案的底色，确定画面的色调基底，并进一步完善配色。为了增强元素之间的关联性，可以将不同花型的花瓣色和花蕊色进行替换使用。

3.4 组织类型

当我们具备了一些图案绘制的基本知识,并得到了构图上的灵感,接下来将要考虑如何将图案与服装的款式结合起来。组织类型,指图案在服装上呈现的样式。以此为依据,图案可以被分为定位图案和循环图案,其中,循环图案又可细分为二方连续图案和四方连续图案。

本小节将通过案例分析为大家介绍各种组织类型的特点,并结合练习来学习不同组织类型的制作方法。

3.4.1 定位图案

指在衣片上有其固定尺寸和位置的图案,最常见的定位图案是T恤上的印花或者logo小标。

在各大奢侈品牌的服装系列中,经常用到手工制作的定位图案装饰。右图展示了一件珠片绣连衣裙,每一朵花和每一片叶子都有其固定位置。左下图展示的连衣裙以一张完整的风景画作为印花,抹胸处为天空,裙摆处为大地。右下图展示的两个造型均用到了绣花片,将单独成型的绣花片缝制在衣片的面料表面,这也是制作定位图案的一个常见工艺。

(右) Oscar de la renta 2022 度假系列,定位刺绣连衣裙
(左下) 同系列,定位印花连衣裙
(右下) 同系列,定位刺绣连衣裙和套装

3.4.2 二方连续图案

指由一个单位纹样向上下或左右两个方向重复连续扩展而形成的图案,亦称"带状图案"。最常见的二方连续图案制品是胶带、包装带和装饰带。

左上图展示了一件印花连衣裙,其单位纹样是甜瓜的横切面,向上下重复连续展开。右上图展示了一个镂空绣套装,图案位于衬衫和短裤的下摆部分。左下图展示了一件由蕾丝条拼接而成的连衣裙,其中单条蕾丝对应一个二方连续图案。右下图中衬衫的装饰片下摆是缝制上去的镂空绣片。

（左上）Marimekko 印花连衣裙　　　　（右上）H&M 镂空绣套装
（左下）Giambattista Valli 蕾丝连衣裙　（右下）Anthropologie 镂空绣衬衫

3.4.3 四方连续图案

指由一个或多个单位纹样，向上下和左右四个方向重复连续扩展而形成的图案。在设计四方连续图案时，理解并熟练掌握"循环单元"这一概念显得尤为重要。"循环单元"，指重复图案中最小的单元。在制作循环单元时，最后的步骤是处理单位纹样的接缝，确保单位纹样在扩展的时候不会出现断裂的情况。相关的详细教程请参考本书2.7"四方连续接版教程一"和2.8"四方连续接版教程二"。

本小节将通过案例分析为大家介绍四方连续组织类型中的三种细分类型，分别为散点式、连缀式和重叠式结构。

（1）散点式四方连续图案

指以一个或一组图案组成一个单位图案，形成分散排列的四方连续图案，散点数量不限。其中波点是最简单的散点式图案。

三张案例分别为放射型波点、樱桃花卉组合和草地碎花图案。虽然三者都是散点式组织类型，但是因为其元素的组合形式不同，呈现效果的复杂程度依次增加且风格截然不同。

设计散点式图案没有太多条条框框，同学们在练习时可以大胆构思，勇敢探索。

（3）重叠式四方连续图案

指采用两种以上的图案重叠排列在一起而形成的四方连续图案。在概念上，重叠也可以指底纹与浮纹的结合。

两张案例分别为扎染图案和碎花图案，色彩明亮的图形是图案的浮纹，带有肌理或投影的深色背景为底纹。

在设计重叠式图案时，接版的难度更大，因为我们要保证每一层图案的循环单元尺寸相同。

（2）连缀式四方连续图案

单位图案间相互连接或穿插的四方连续图案。常见类型有梯形连缀、波形连缀、菱形连缀和转换连缀等形式。几何图案是最简单的连缀式图案。

两张案例分别为波浪图案和扇贝图案，分别对应波形连缀和菱形连缀。

在设计连缀式图案时，框架的搭建尤为重要，先为图案选择一个优雅的几何形结构。

3.4.4 散点式四方连续图案的绘制练习

本小节以樱桃花束图案作为教案，来帮助大家理解散点式图案从绘制到接版的全部过程。该图案元素简单，构图复杂，在练习时需要处理好元素的重叠关系和疏密关系。本次练习包含以下操作：元素绘制、元素分组、元素排列和四方连续接版。

- **画布尺寸参考**
  宽度 3000px，高度 2000px，300dpi。
- **笔刷参考**
  使用"常用笔刷－单线"，绘制樱桃和花叶的底色；使用"常用笔刷－FillerChalk"，为元素增加肌理。
- **接版方法**
  循环单元呈正方形，接版采用"接缝转移法"，操作原理参考 2.8"接版教程二"。
- **补充信息**
  在随书附赠的素材包中可获得笔刷、樱桃和花叶元素。

01 绘制元素并分层

分别使用"常用笔刷－万能笔刷&FillerChalk"来绘制樱桃和花束的底色和肌理效果。在绘制时注意强调每个元素的差异，比如花朵和叶片的数量、樱桃的形状、花梗的走向等。* 在随书附赠的素材包中可获得该素材。

绘制完成后将图层合并，提取每一个图形元素单独成组，便于后续排版。

02 确定循环单元的尺寸

新建米色正方形作为图案的底色，标识出循环单元的尺寸。正方形仅作参考，同学们可以新建设置任意比例的矩形来作为循环单元。将元素有序地放置在底色中央，作为图案的主体部分。注意，元素尽量不要超出方形轮廓的边缘。

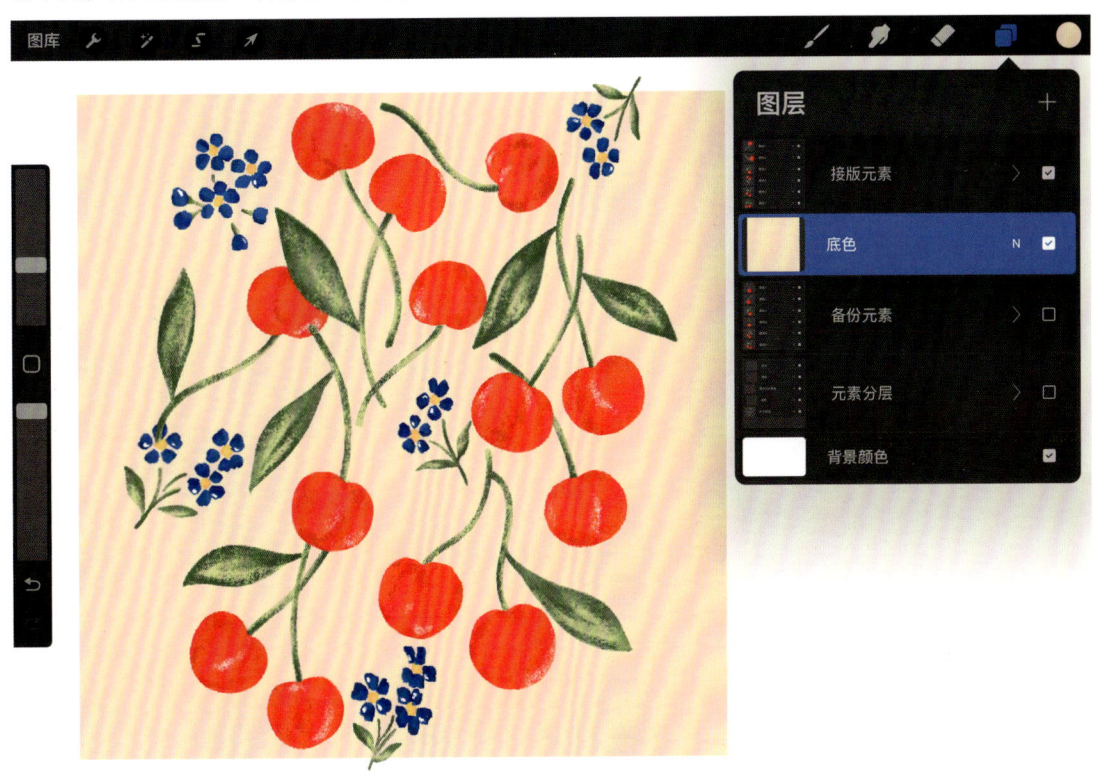

03 接版步骤一

将"接版元素"组合并为一个图层，将画面中的元素分割为左右两个部分并进行位置对调，得到如图所示的新"接版元素"。详细的接版原理和操作步骤请参考2.8"四方连续接版教程二"。

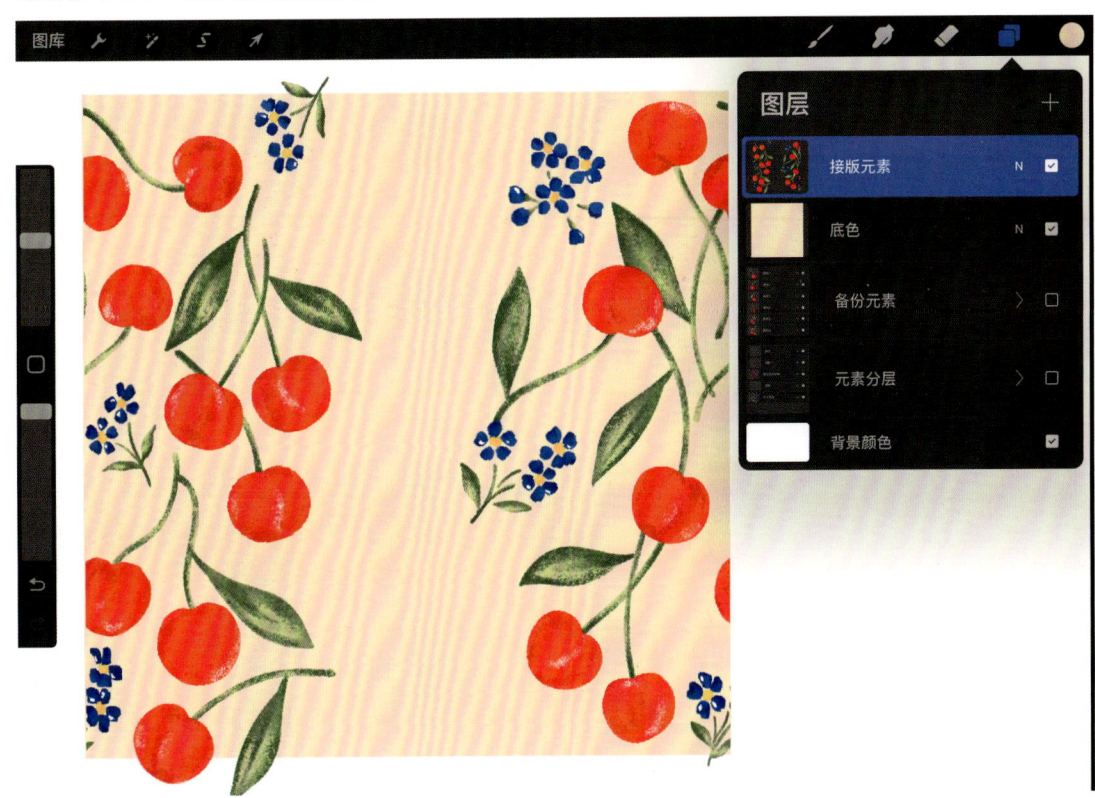

04 接版步骤二

在"备份元素"组中提取几个单独的樱桃元素，放置在画面中央的空白区域，对循环单元的接缝进行修补，完成横向的接版工作。用同样的方式完成竖向的接版，详细的接版原理和操作步骤请参考 2.8 "四方连续接版教程二"。

05 完善细节

因为本案例中涉及的元素构成较为复杂，如果新手同学在第一次完成接版操作后发现接缝仍有瑕疵，请不要紧张，耐心地按照先前的步骤重新对接缝进行处理。多次的调整修补是正常情况，熟能生巧！

3.4.5 连缀式四方连续图案的绘制练习

本小节以贝壳图案作为教案，来帮助大家理解连缀式图案从绘制到接版的全部过程。该图案元素简单，排列整齐，绘制难点在于元素之间的镶嵌关系。本次练习包含以下操作：搭建连缀式框架、元素绘制、元素排列和四方连续接版。

- **画布尺寸参考**
  宽度 2000px，高度 2000px，200dpi。
- **笔刷参考**
  使用"常用笔刷 – 单线"，绘制贝壳的结构线和镂空图形。
- **接版方法**
  循环单元呈正方形，接版采用"平铺截取法"，操作原理参考 2.7"接版教程一"。
- **补充信息**
  在随书附赠的素材包中可获得笔刷、菱形连缀的框架图稿和贝壳外轮廓形。

01 搭建连缀式框架

使用速创手势绘制正方形 / 菱形，速创手势详细教程请参考 2.3"速创形状"。拷贝几何元素上下平移至斜边连成线的位置，得到菱形连缀的框架 1。拷贝并合并"框架 1"左右平移得到"框架 2"和"框架 3"。

＊在随书附赠的素材包中可获得框架图稿，可直接导入使用。

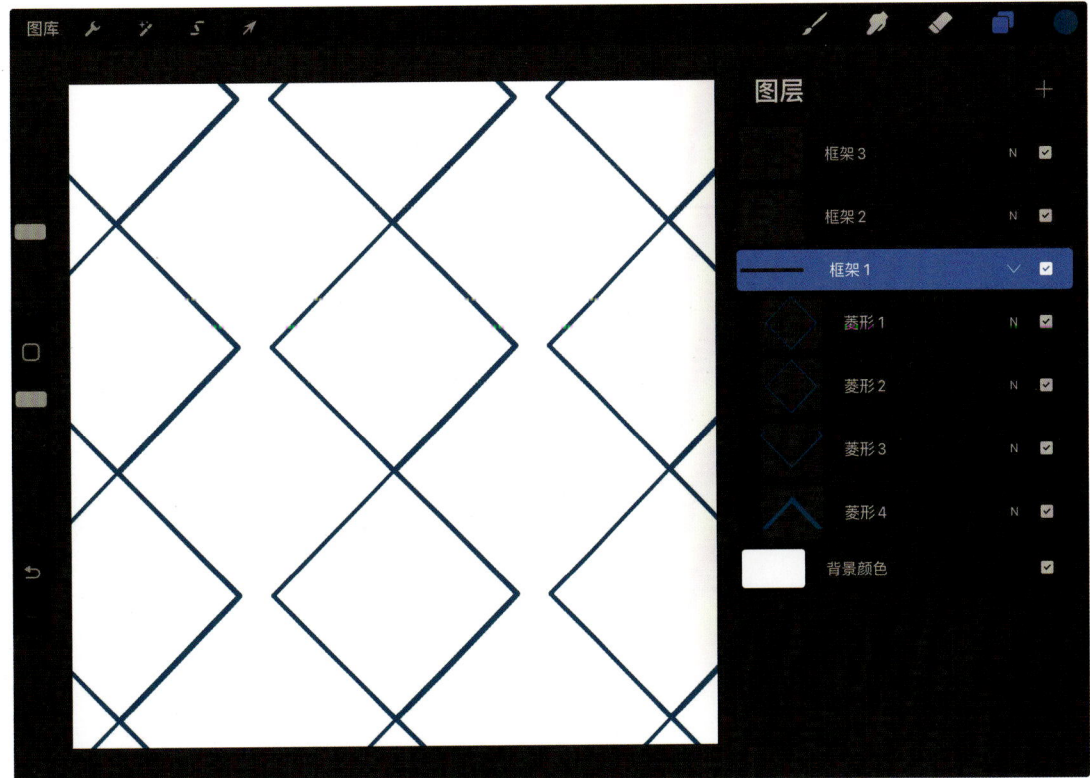

02 绘制草稿

参考连缀框架,使用"常用笔刷-单线"绘制贝壳的草稿。每个贝壳的形状相同,在竖向整齐成列,在横向进行错位镶嵌。在绘制草稿时,对于形状把控的难度较高,需要多次移动元素,来查看贝壳的轮廓是否契合。

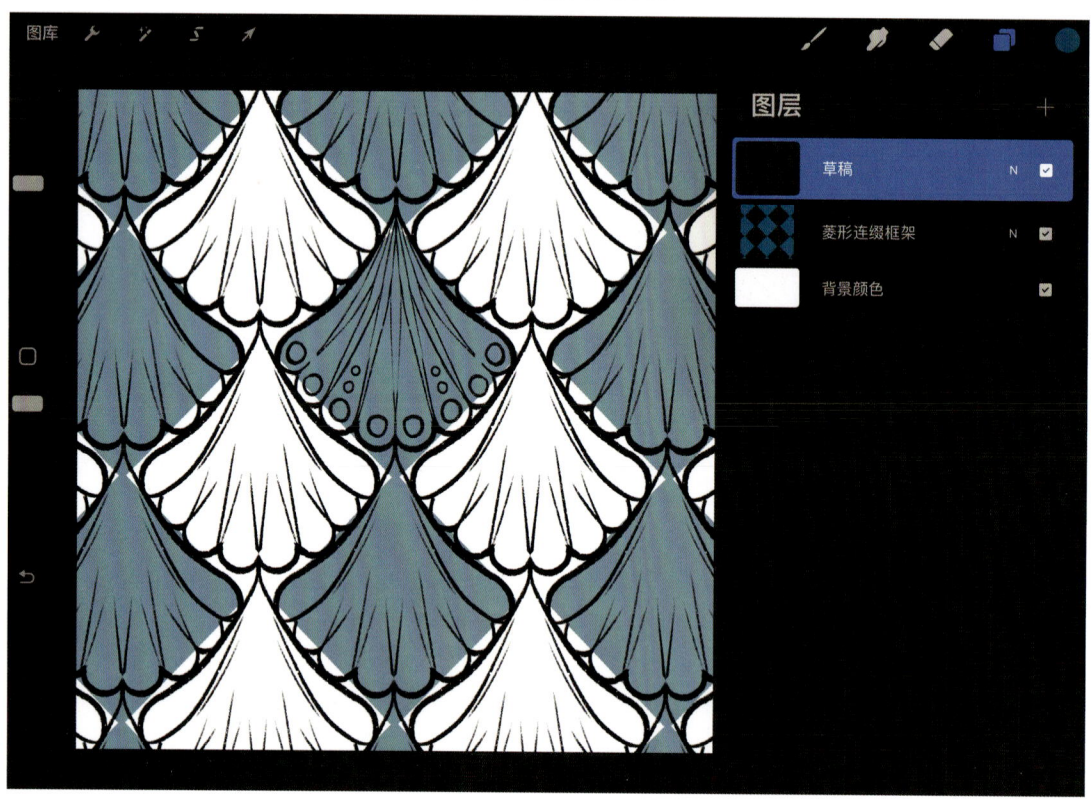

03 绘制元素

使用"常用笔刷-单线"来绘制贝壳的线稿,使用选区填色或直接涂色得到"填色1"和"填色2"。* 在随书附赠的素材包中可获得贝壳线稿。初步上色时可以选择对比度较强的配色,便于检查图形结构,配色和改色留在后续步骤里完成。

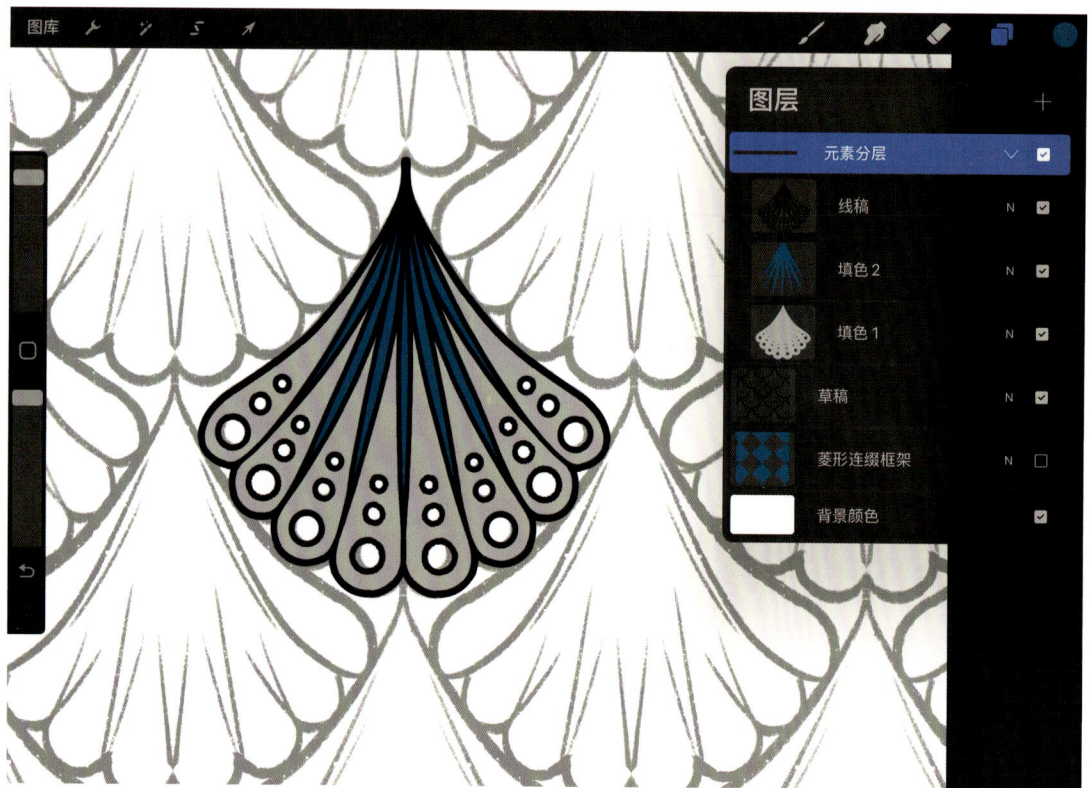

04 检查效果

将"元素分层"组合并拷贝,单个贝壳元素平移组合得到有序的图形结构。参考草稿图层,不断拷贝元素将其铺满整个画布。检查轮廓之间有没有空隙,以及元素的疏密关系是否符合预期。此时,我们得到了一个四方连续图案。

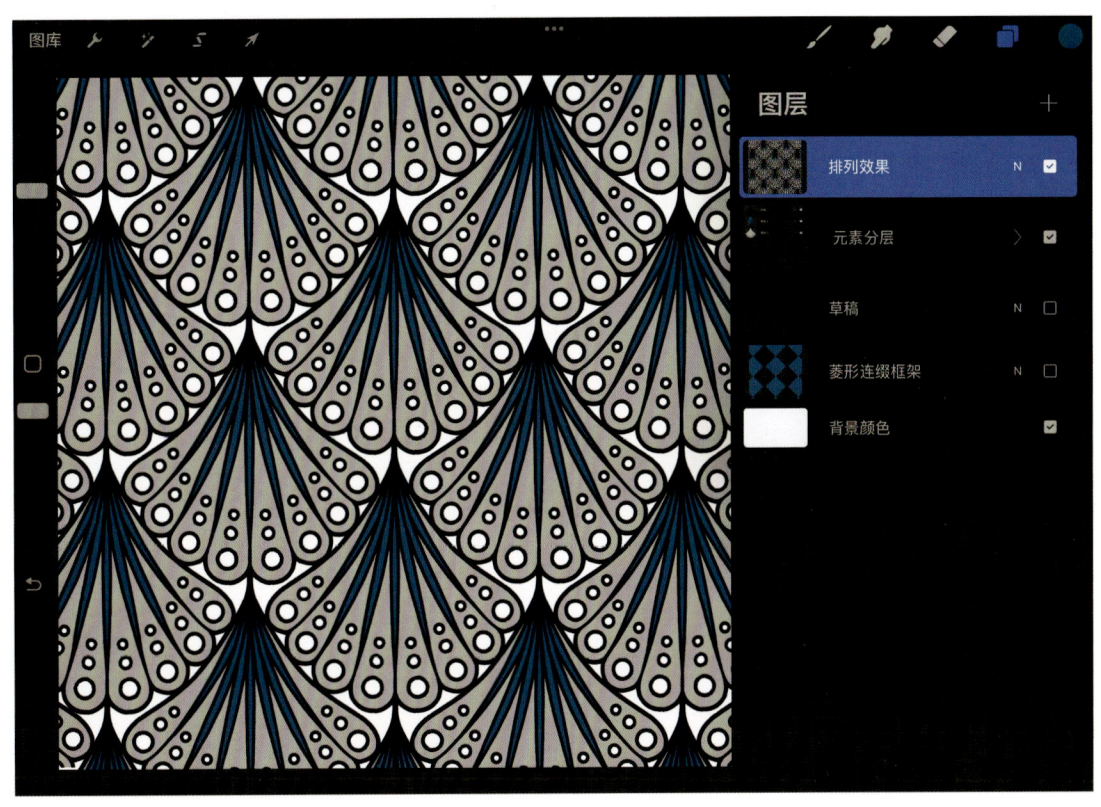

05 替换颜色并找到循环单元

确认元素组合的效果无误后,回到"元素分层"组,将每一层图形替换成目标配色。重复上一个步骤的操作,得到铺满画布的图案。在画面中找到循环单元,将其拷贝提取出来。

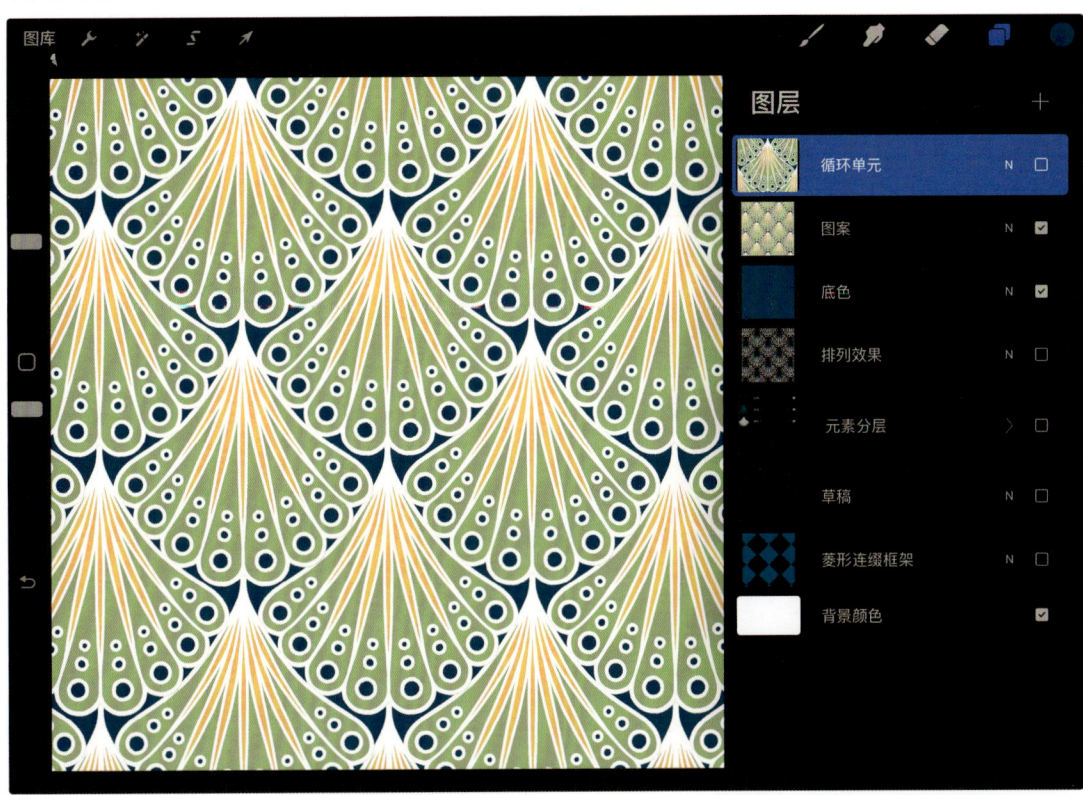

Chapter

图案设计风格探索

  图案设计作品有两种常见的分类方式。第一种,按照创作的主题来进行分类,比如:花卉、动物、静物和风景画等。第二种,按照创作手法来进行分类,比如:白描、水彩、油画和扎染等。

  本章根据上述的第二种分类方式将图案风格进行归类,由易到难,为同学们展示六种常见的创作手法。在本章中,你可以了解到每一种图案的形态特点和绘制技巧,可以获取老师推荐的各类实用笔刷包,并且可以在风格探索的过程中,不断熟悉软件的使用方法和制图流程,找到你最感兴趣或者最擅长的风格类型。

4.1 图案设计手法分类

　　使用 Procreate 探索各种图案效果类型时，大致会用到三种技法。第一种，使用特定笔刷，来表现逼真的手绘肌理和颜料的上色效果；第二种，使用变形功能，来制作流体液化和模糊效果；第三种，研究线面组合的特点，来强化图形和线条的表现力和艺术性。

　　本章将根据创作难度，由易到难进行排列，建议同学们按顺序进行学习。

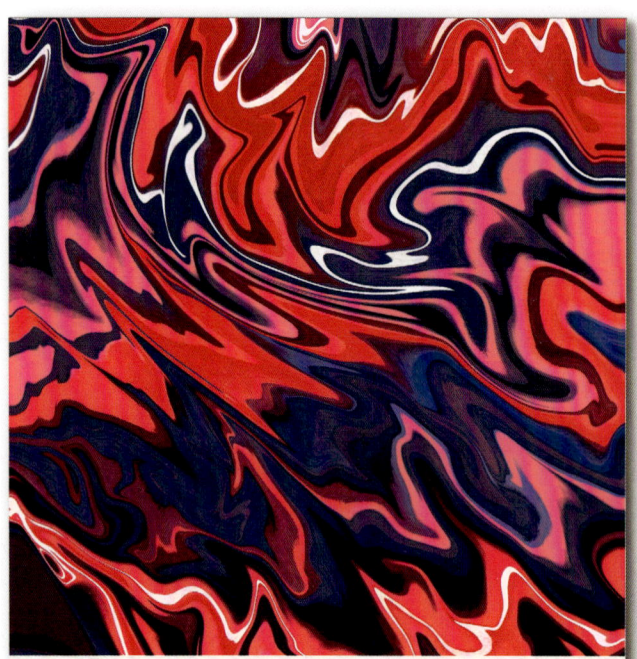

Liquid Marbling

/ 流体液化

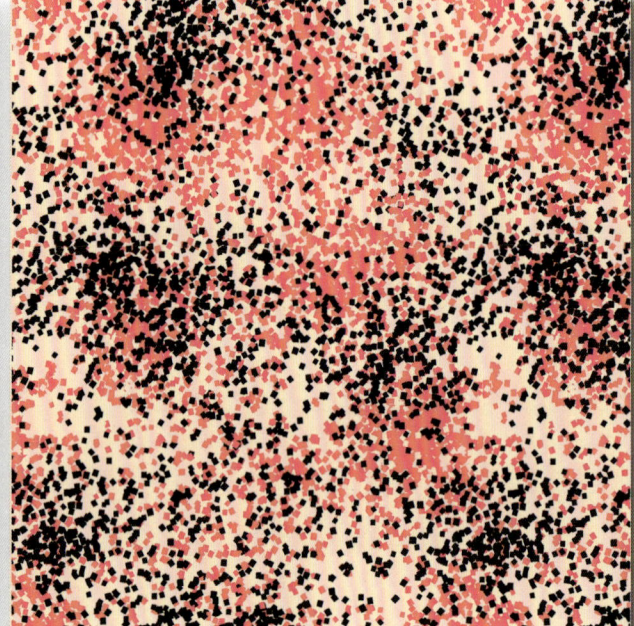

Textured Grain

/ 几何颗粒

Floral Motif

/ 复古碎花

Graffiti Texture

/ 涂鸦肌理

第 4 章 图案设计风格探索

Silhouette Cutout

/剪影轮廓

Outline Sketching

/白描勾线

Watercolor Effect

/水彩效果

Soft Focus&Blurred

/模糊晕染

4.2 流体液化

　　流体液化图案，又称大理石花纹，是一种古老的水面染色方法。其传统制作方式为：将混合色彩的油漆或墨水浮在水面上，再将色料转移到吸水表面，例如纸张或织物，得到的彩色纹样具有流畅的形状和自然过渡效果。

　　在使用软件仿制流体液化图案的形态时，需要借助软件的液化功能。该风格作为本章的第一个教案，只需要基础的绘图和接版技巧，适合新手同学快速上手。

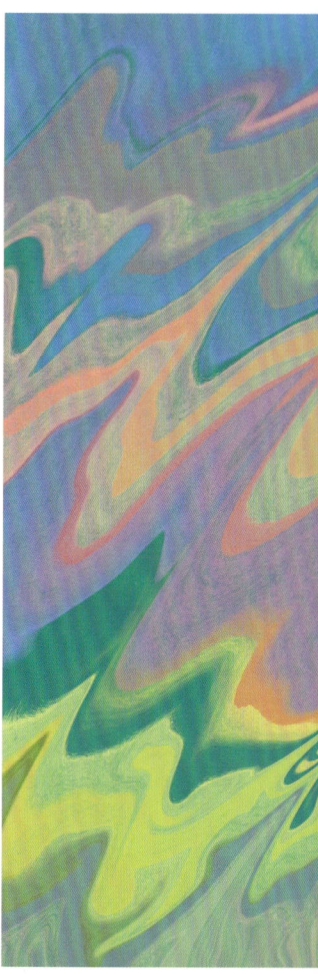

第 4 章　图案设计风格探索

79

4.2.1 流体液化图案练习一

本小节以彩色条纹作为基底,来帮助大家了解"调整-液化"工具中"推"这一液化模式的使用效果。通过调整尺寸、压力、失真和动力这四个参数数值,结合运笔轨迹的变化,制作多变的流体肌理图案。

▪ **原素材尺寸参考**
宽度2000px,高度1500px,300dpi。

▪ **笔刷参考**
使用"水彩笔刷-奥德老海滩"绘制竖条纹图形,大胆地选择你的配色方案。

▪ **接版方法**
循环单元呈横长方形,接版采用"接缝转移法",操作原理参考2.8"接版教程二"。

▪ **补充信息**
在随书附赠的素材包中可获得笔刷和条纹的原始素材。

01 素材接版

将画布尺寸调整为宽度4000px,高度3000px,300dpi。

将上方展示的原始条纹素材拷贝三份,进行"水平翻转"和"垂直翻转"。将四张素材无缝贴合合并,得到一个四方连续的基底素材。四方连续的流体图案的制作顺序是先接版,再液化形变,在液化过程中严格避开画布的边缘区域。

02 第一次液化

进入"调整－液化"界面,选择液化模式"推"。

调整参数:尺寸 60%、压力 100%、失真 100%、动力 100%。

对画面中间的图案进行形变处理,严格避开画布边缘附近的图案。

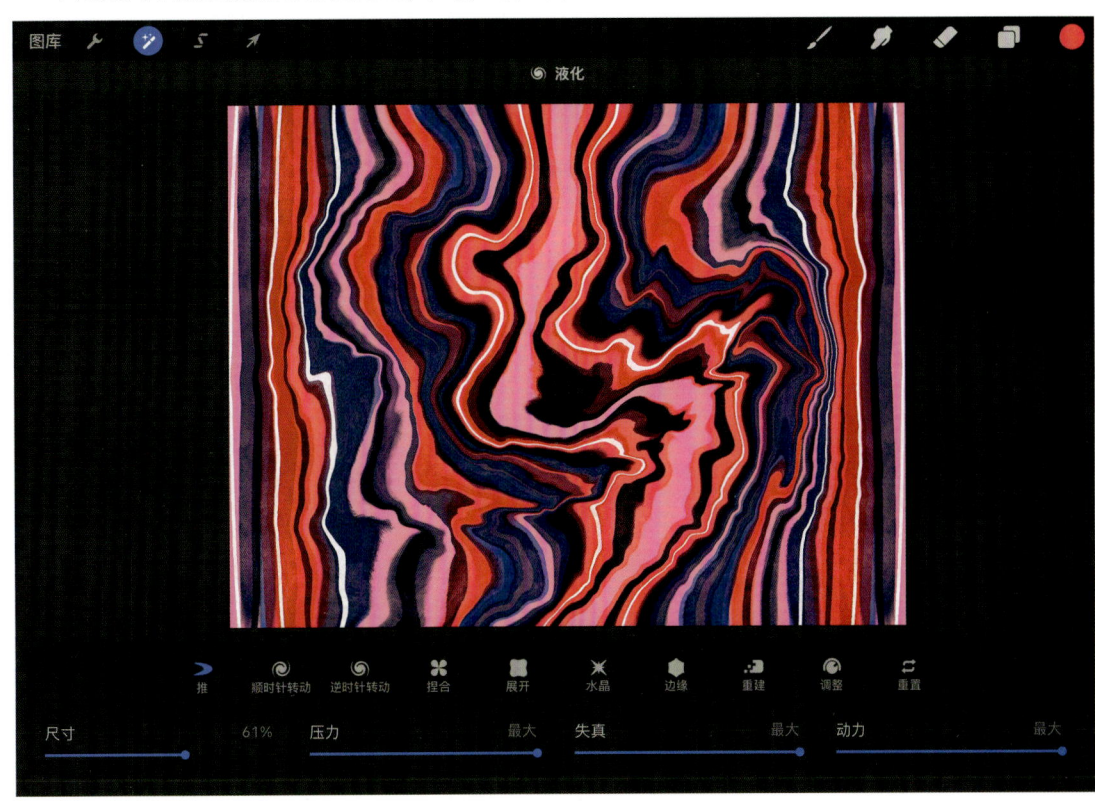

03 转移接缝

参考 2.8 "四方连续接版教程二"中转移接缝的方法,将素材从中间竖向分为两个图层,左右两个部分对调,使得未经液化的条纹纹样转移到中间。

如果上一步中液化幅度过大的话,会使此处中间的图案产生错位效果。

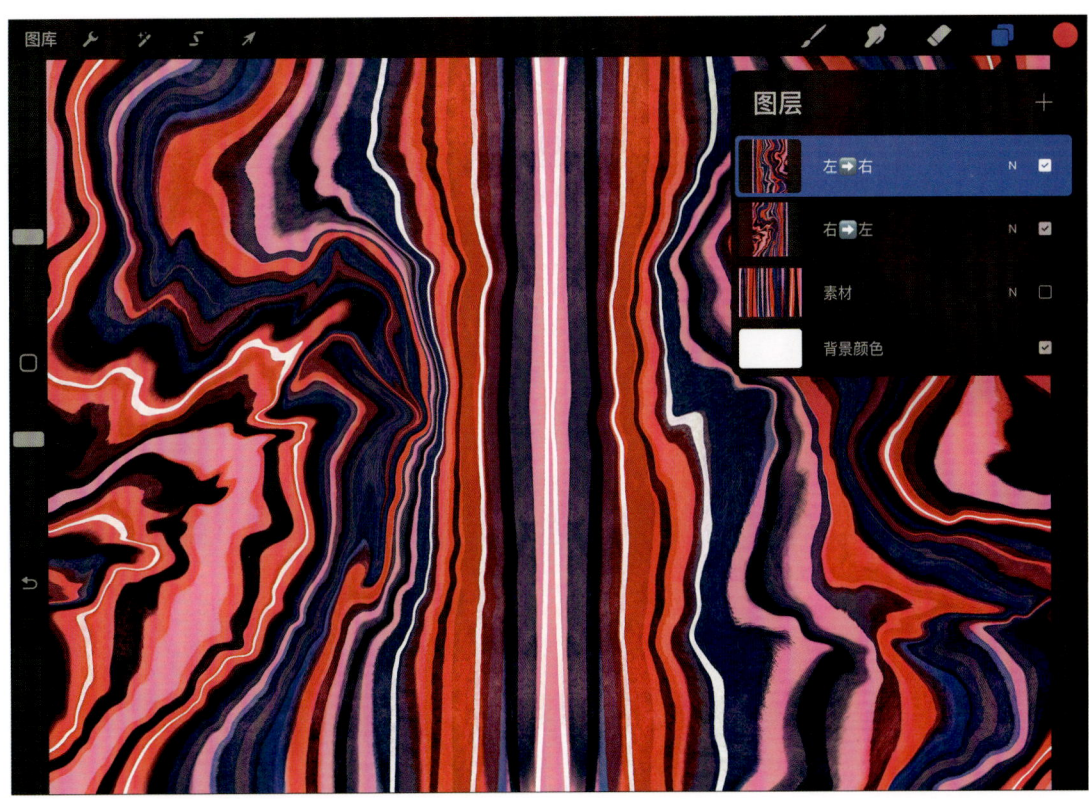

04 第二次液化

调整参数：尺寸 50%、压力 100%、失真 100%、动力 100%。

对画面中间的图案进行形变处理，严格避开边缘附近的区域，使画面中的纹理形变程度保持一致。调小液化画笔尺寸，可以使细节变化更加丰富。

05 转移接缝并完稿

用同样的方法，将素材从中间横向分为两个图层，上下对调，使得未经液化的条纹纹样转移到中间。进行第三次液化，使画面中的纹理形变程度保持一致。完稿后，将循环单元拷贝三份，无缝贴合来检查接缝。

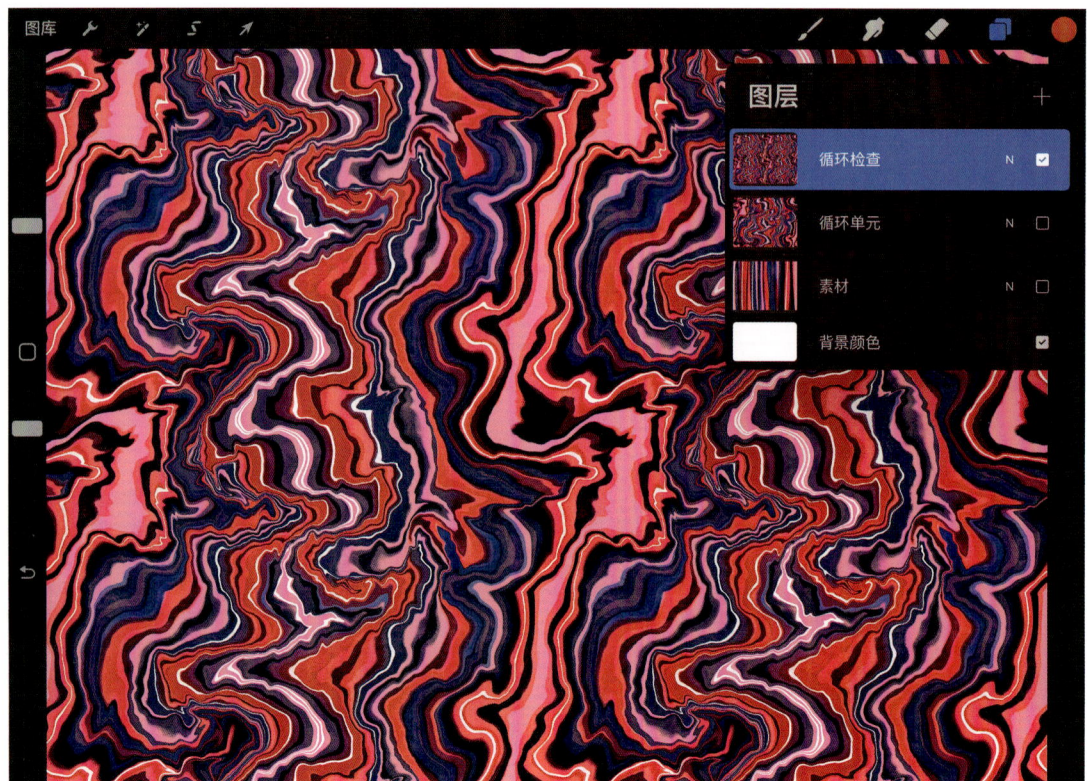

4.2.2 流体液化图案练习二

本小节以彩色条纹作为基底,来帮助大家了解"调整-液化"工具中"顺时针转动"和"逆时针转动"这两个液化模式的使用效果。通过调整尺寸、压力、失真和动力这四个参数数值,结合运笔轨迹的变化,制作多变的流体肌理图案。

- **原素材尺寸参考**
  宽度 2000px,高度 1500px,300dpi。
- **笔刷参考**
  使用"水彩笔刷-奥德老海滩"绘制竖条纹图形,大胆地选择你的配色方案。
- **接版方法**
  循环单元呈横长方形,接版采用"接缝转移法",操作原理参考 2.8"接版教程二"。
- **补充信息**
  在随书附赠的素材包中可获得笔刷和条纹的原始素材。

01 素材接版

将画布尺寸调整为宽度 4000px,高度 3000px,300dpi。

将上方展示的原始条纹素材拷贝三份,进行"水平翻转"和"垂直翻转"。将四张素材无缝贴合合并,得到一个四方连续的基底素材。在绘制条纹的时候,尽量让线条保持平行,可以使画面更加齐整和谐。

02 第一次液化

进入"调整-液化"界面，选择液化模式"逆时针旋转"。

调整参数：尺寸 90%、压力 100%、失真 25%、动力 100%。

对画面中间的图案进行形变处理，可以与"顺时针旋转"交替使用。

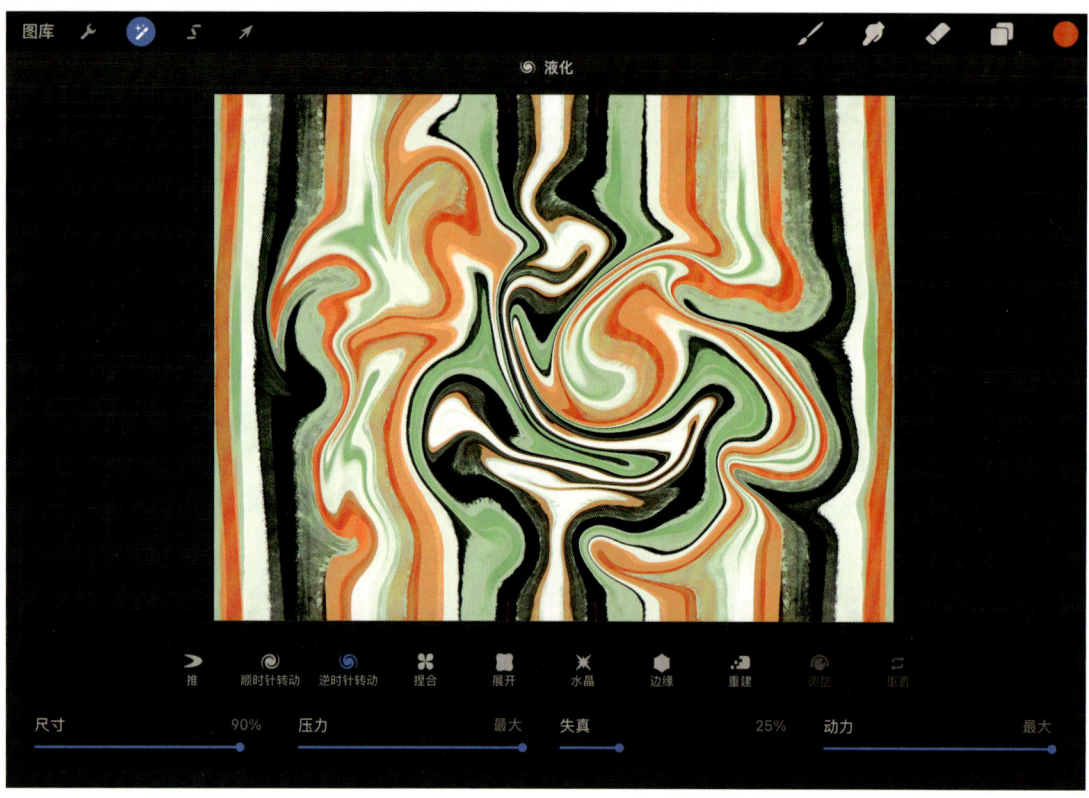

03 转移接缝

参考 2.8 "四方连续接版教程二"中转移接缝的方法，将素材从中间竖向分为两个图层，左右两个部分对调，使得未经液化的纹样转移到中间。

如果上一步中液化幅度过大的话，会使此处中间的图案产生错位效果。

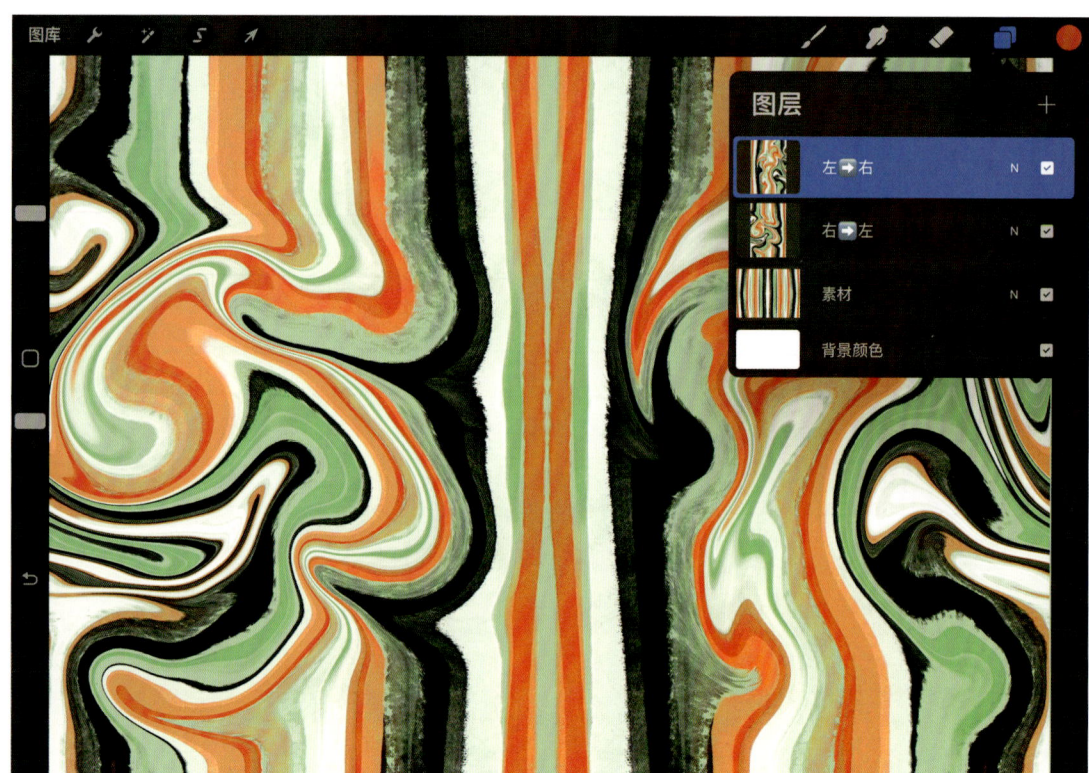

04 第二次液化

调整参数：尺寸 90%、压力 100%、失真 25%、动力 100%。

对画面中间的图案进行形变处理，严格避开边缘附近的区域，使画面中的纹理形变程度保持一致。调小画笔尺寸，可以使细节变化更加丰富。

05 转移接缝并完稿

用同样的方法，将素材从中间横向分为两个图层，上下对调，使得未经液化的纹样转移到中间。进行第三次液化，使画面中的纹理形变程度保持一致。完稿后，将循环单元拷贝三份，无缝贴合来检查接缝。

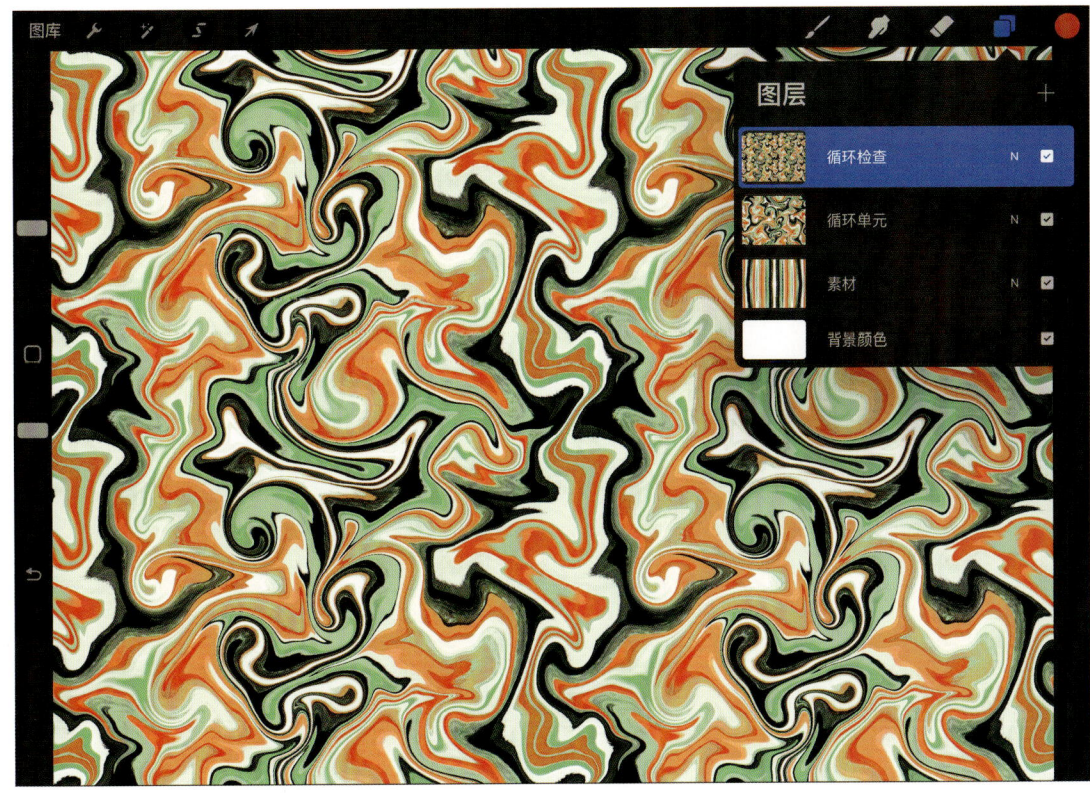

4.3 剪影轮廓

剪影轮廓风格的图案通常以双色为主,背景色与图形颜色形成强烈的对比。这种风格常常用来表现抽象的概括性的形象,强调图形外轮廓的线条弧度,以及画面中图形的疏密关系。

在练习绘制时,新手同学可以从简单的双色类型入手,对素材进行直接描摹或者简单的优化。等操作熟练后,再尝试加入多种色彩,来对剪影造型增加细节装饰,加强画面的层次感。

4.3.1 剪影轮廓图案练习一

本小节以双色剪影纹样作为教案，带领同学们从经典且简单的花叶元素入手。作图所需的花叶元素从照片素材转化而来，大家在描摹素材的时候，可以了解优美轮廓形的绘制要点，并将其组合成为疏密得当、错落有致的图案形式。

思考：什么样的花叶形态更适合用来制作此类雅致的图案？

▪ **画布尺寸参考**
宽度 4000px，高度 3000px，300dpi。

▪ **笔刷参考**
使用"常用笔刷 – 葛辛斯基油墨"，绘制多种形态的花卉和叶片元素。

▪ **接版方法**
循环单元呈竖长条形，接版采用"平铺截取法"，操作原理参考 2.7"接版教程一"。

▪ **补充信息**
在随书附赠的素材包中可获得笔刷和花叶的参考图。

01 绘制元素

在随书附赠的素材包中找到花叶参考图，从中挑选出适合的素材进行描摹。剪影类图案模糊了刻画对象的内部结构，更强调轮廓之美，所以在挑选元素时，我们偏好叶柄弯曲且弧度优美的枝条、分布错落且形状各异的叶片和花瓣。

02 组合元素

本案中对于元素排列的构思为：先将零碎的花叶元素组合为两个大的花束组。以花束组为框架，来确定图案的循环尺寸。在组合元素时，将花卉放在花束的中央，将枝叶以发散形向四周散开，在边缘处点缀一些花苞。

03 确定循环尺寸

用同样的方法制作第二个花束，用组合方式制造两个花束的形态差异。为了方便识别，我将两种花束分别改为蓝色和紫色。将花束上下错落排列，在保证美观的情况下，尽可能地缩短它们之间的距离。

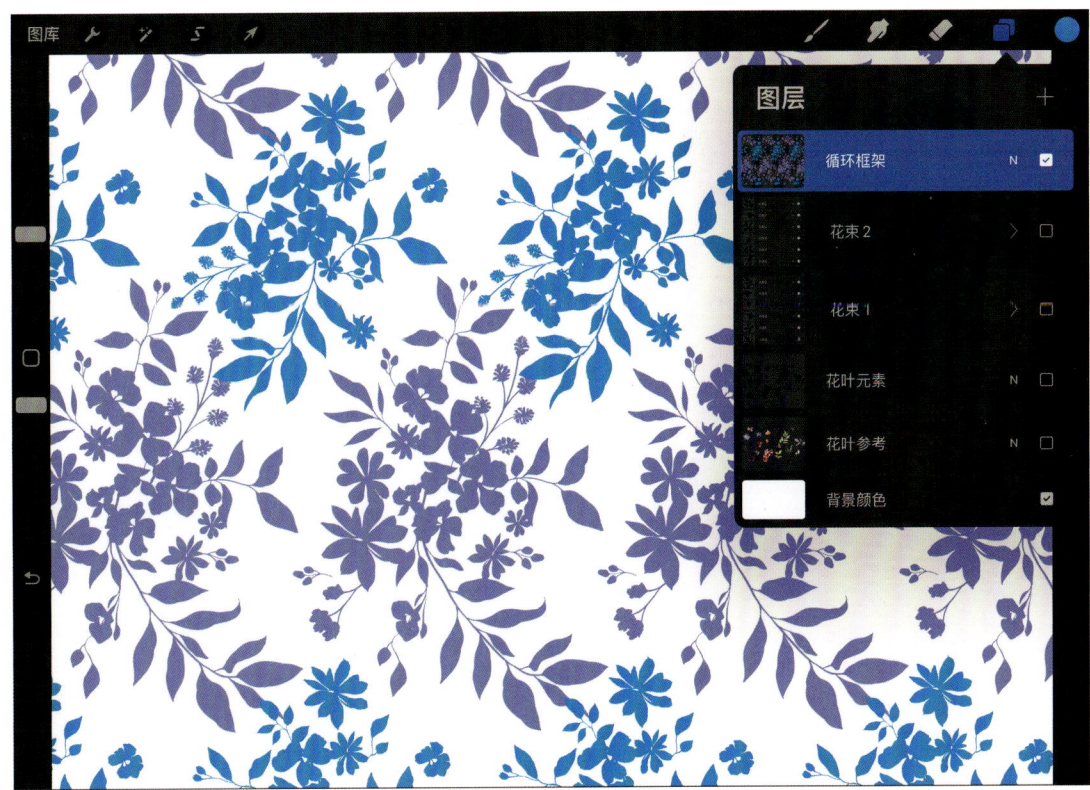

04 完善循环单元

用深灰色框选出循环单元的尺寸，方便我们后续处理。挑选一些造型简单的花卉和单个叶片，对画面中留白的地方进行补充，参考画面中紫色的部分。进入深灰区域的部分可框选出来，平移至循环单元的另一侧。

05 调色并完稿

将循环单元中的元素合并，打开"阿尔法锁定"模式统一进行改色，并为其挑选一个合适的背景色。双色图案的表现力丰富，且改色简单，你可以任意选择配色方案，可以是柔和的莫兰迪色调，也可以是鲜明的撞色搭配。

4.3.2 剪影轮廓图案练习二

本小节以形态丰富的花鸟图案作为教案，带领同学们进一步了解剪影图形的细化方法，学习如何处理大量元素之间复杂的组合关系，按顺序合理摆放元素，并练习复杂配色的分配方案。

思考：面对此类构成复杂的图案，你会按照什么顺序摆放这些元素？

▪ **画布尺寸参考**
宽度 4000px，高度 3000px，300dpi。

▪ **笔刷参考**
使用"常用笔刷 – 葛辛斯基油墨/万能笔刷"，绘制形态各异的花鸟元素。

▪ **接版方法**
循环单元呈正方形，接版采用"平铺截取法"，操作原理参考 2.7"接版教程一"。

▪ **补充信息**
在随书附赠的素材包中可获得花鸟的参考图。

01 绘制元素

在随书附赠的素材包中找到绘制完成的花鸟元素，你也可以选择形态类似的元素进行替换。在绘制花卉元素时，注意区分几大类元素明显的形态差异，比如：大花瓣配细长枝叶、小花瓣配复杂枝叶、球状果实配珊瑚型枝叶等。

02 确定循环尺寸

将面积最大的鸟类元素排列在画面中央，作为循环构成框架确定循环单元的尺寸。在挑选元素时，可以将其重复利用，但须调整元素的方向。在排列元素时，尽量避免临近鸟类的头部和尾部同一朝向，以保证元素排列效果错落自然。

03 完成主体元素

按照从大到小的顺序，用花叶元素将循环单元中央部分全部填满。先放置半侧面的大花，再沿着鸟类外轮廓的弧度，放置麦穗型的枝叶。以此类推，用更小的元素去填补越来越少的留白部分。同一类元素可合并为一个图层。

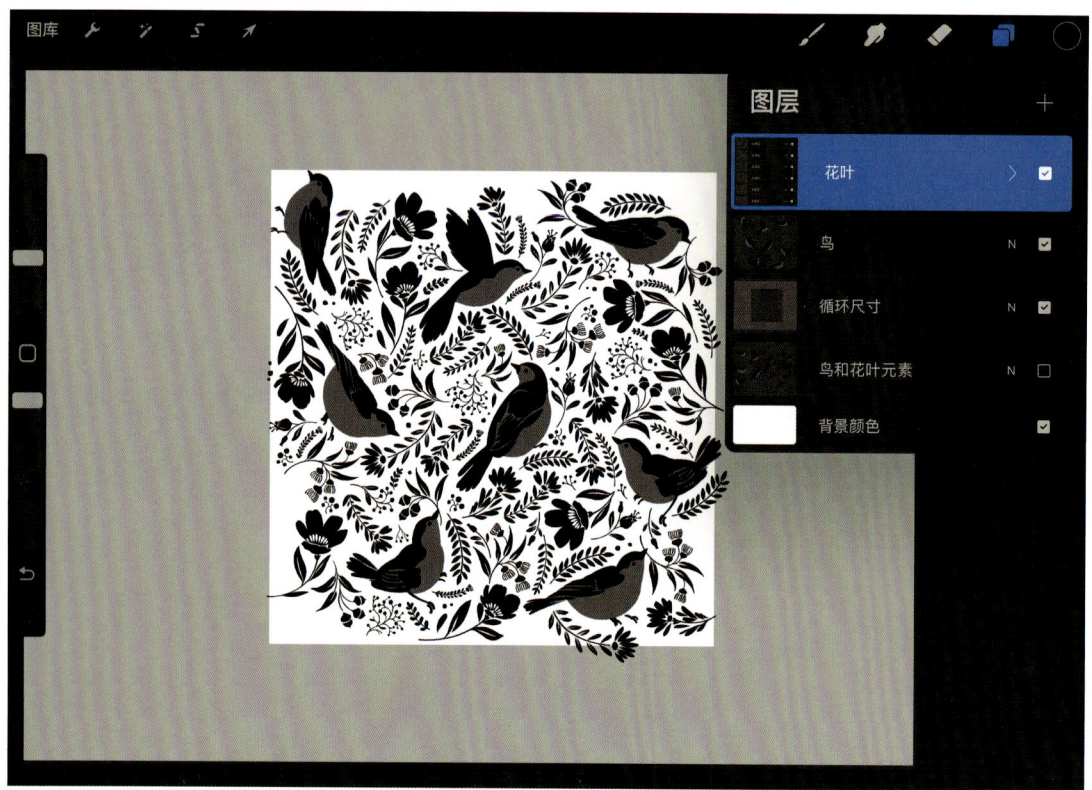

04 补充接缝

确定画面效果后,将现有的全部元素组合。拷贝元素组,沿着循环单元的参考尺寸向左和向上平移,得到铺满画面的接版效果。继续用花叶元素填补画面左侧和上方两条接缝处的留白部分,多次检查,直至所有元素完成嵌合。

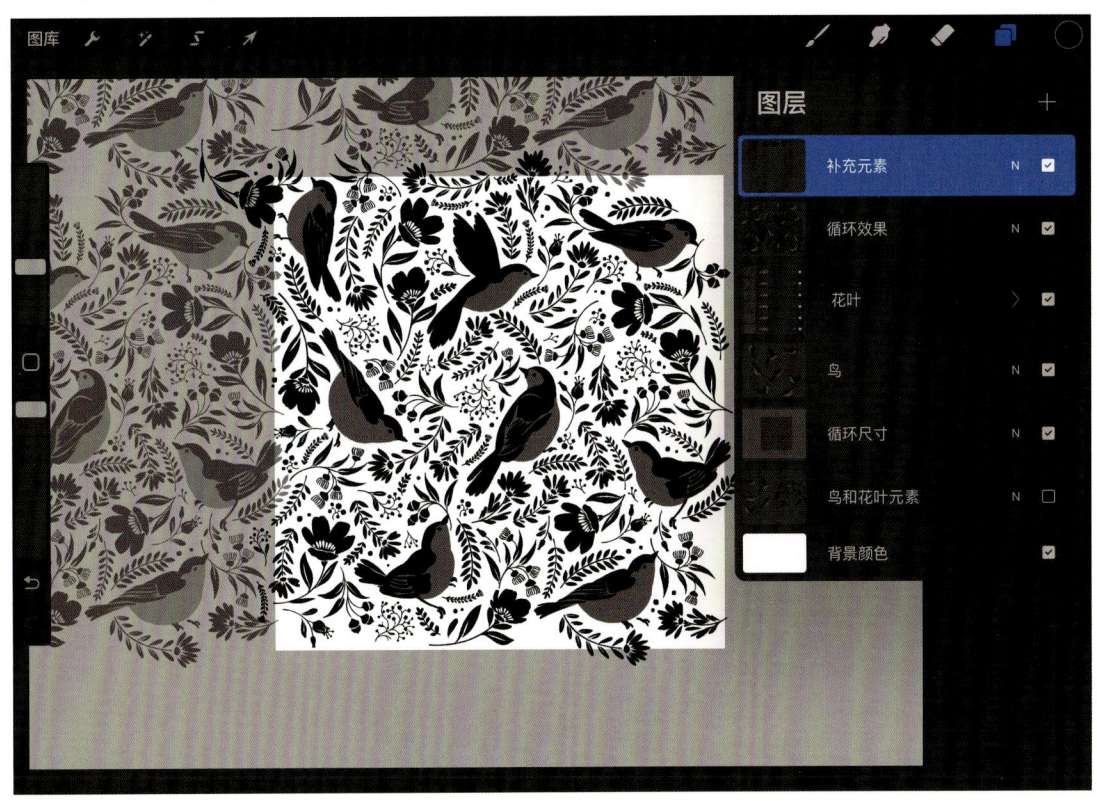

05 调色并完善细节

对元素图层使用"阿尔法锁定"模式,通过涂改的形式对花叶元素进行改色。对于鸟类元素的处理,将选定的颜色直接拖拽至黑色区域,即可一键改色。在鸟类的眼周、腹部和尾部,用线条和几何形状进行点缀,丰富画面效果。

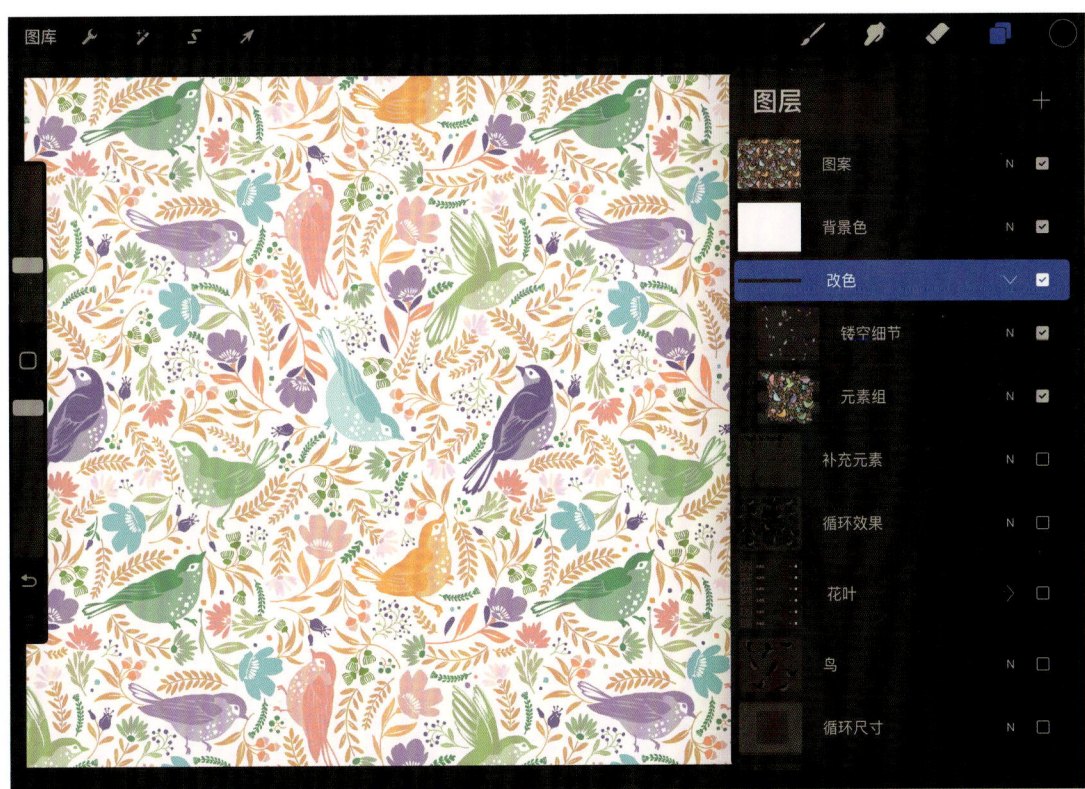

4.4 白描勾线

　　白描勾线图案是一种以线条装饰为主的图案风格,用细腻优美的线条勾勒出元素的轮廓结构和装饰细节,强调线条的形态变化和运笔的操作配合,也可选择局部简单填色。

　　在练习绘制时,新手同学可以先进行单独的控笔练习。获取一张你想要学习的白描作品,通过描摹线稿来学习其中线条的粗细变化、弧度转折和疏密关系。等运笔熟练后,再尝试用新学的笔法来进行全新的创作。

第 4 章 图案设计风格探索

4.4.1 白描勾线图案练习一

本小节以双色白描纹样作为教案，带领同学们从较为复杂的蝴蝶元素入手，深入了解线元素在图案设计中的应用效果，可以在绘制中加强控笔和排线的技巧，以及习得如何将照片元素转化成白描线稿的方法。

思考：仔细观察生活中常见的白描图案，分析其使用场景和形态特点。

- **画布尺寸参考**
  宽度 3000px，高度 4000px，300dpi。
- **笔刷参考**
  使用"常用笔刷－万能笔刷"绘制多种形态的蝴蝶线稿。
- **接版方法**
  循环单元偏正方形，接版采用"平铺截取法"，操作原理参考 2.7"接版教程一"。
- **补充信息**
  在随书附赠的素材包中可获得参考图及参考线稿。

01 绘制元素

在随书附赠的素材包中找到蝴蝶参考图，打开"画布－绘图指引－对称"。将对称中心线放置于左侧正面角度蝴蝶的中央，打开绘图图层的"绘图辅助"模式，降低参考图图层的不透明度，勾勒蝴蝶的外轮廓和身体部分。

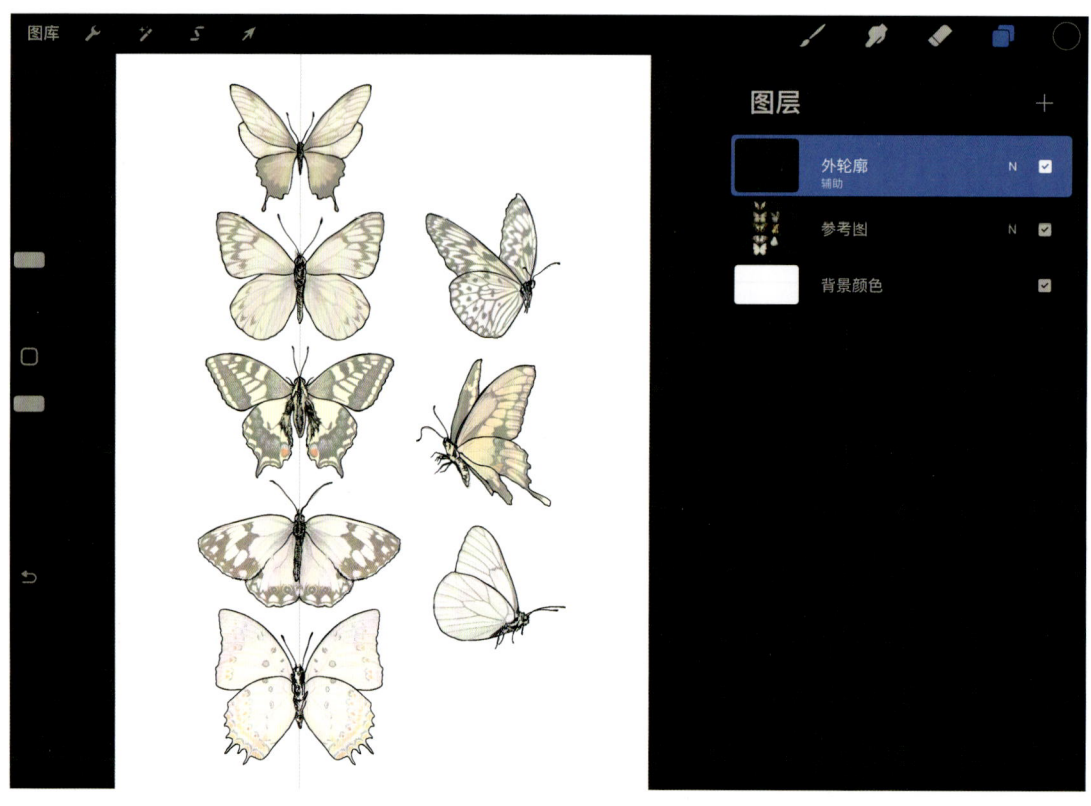

02 细化元素

新建图层，调小笔刷尺寸，用较细的线条勾勒出蝴蝶翅膀上的结构细节。在刻画时，注意主次线条的粗细区分，适当留白，适当加重。新手同学可以先试着描摹参考线稿来熟悉线条的感觉，熟练后再描摹原素材。

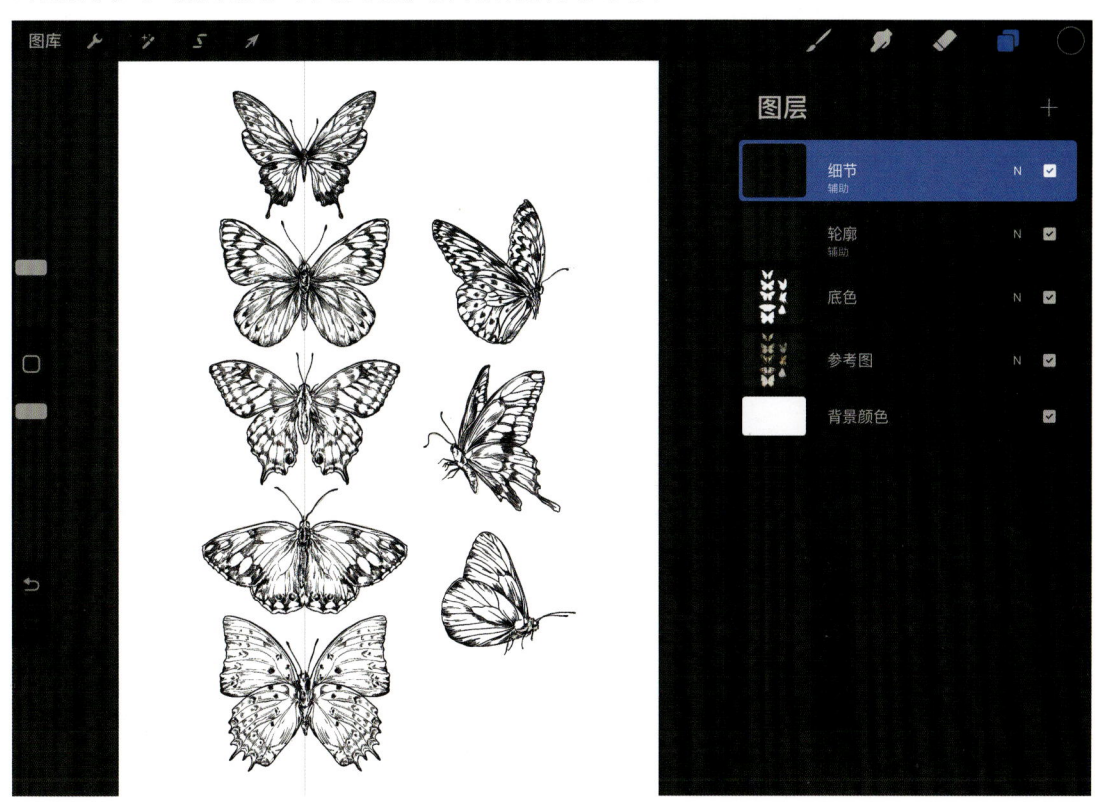

03 制作元素组

为蝴蝶绘制白色底色，方便排版时制造元素之间的叠加关系。将元素分层成组备份并合并，用"手绘选区"将每一只蝴蝶元素单独剪切分层。在画面中央进行初步排版，将蝴蝶错落排列，注意对蝴蝶朝向的调整以及留白处理。

04 完善循环单元

将元素组备份合并，拷贝三份后在画面中平移铺开，得到"接版效果"图层，确定循环单元的尺寸。拷贝单独的蝴蝶元素，放置在循环单元中留白的位置，反复调整直至画面中元素分布和留白均匀的状态。

05 调色并完稿

将所有元素合并成"图案"图层，在上方新建"线稿改色"图层，填充你想要的颜色，将该图层模式改为"滤色"，即可替换线稿的颜色。新建"底色"图层，将图层模式改为"正片叠底"，填充色彩，对画面进行覆盖调色。

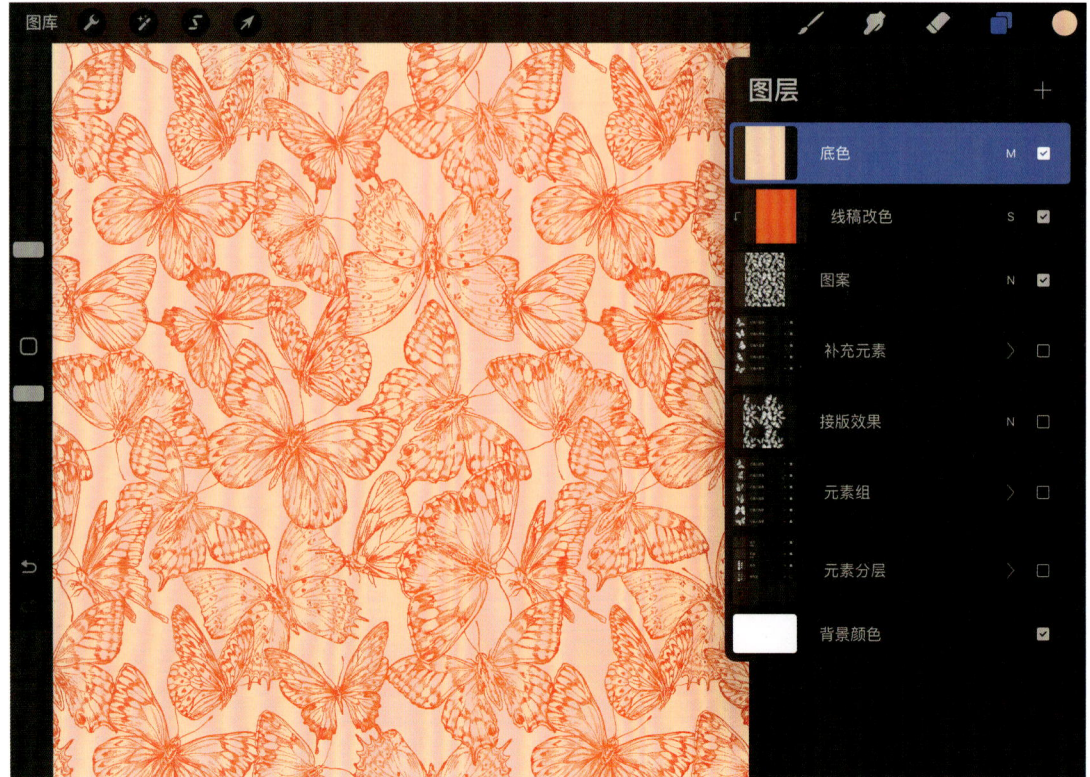

4.4.2 白描勾线图案练习二

本小节以牡丹花图案作为教案，带领同学们了解白描类型中更为丰富的线条形态变化，加强控笔与线条表现力，以及学习如何将复杂的参考图进行转化。配色步骤也更进一步，为花卉增加底色，丰富画面的色彩层次。

思考：如何协调线条的主次关系和画面的留白效果？

- **画布尺寸参考**
  宽度 3000px，高度 4000px，300dpi。
- **笔刷参考**
  使用"常用笔刷 – 万能笔刷"，绘制牡丹花的线稿和底色。
- **接版方法**
  循环单元呈竖长条形，接版采用"平铺截取法"，操作原理参考 2.7 "接版教程一"。
- **补充信息**
  在随书附赠的素材包中可获得花卉的参考图。考虑到元素结构复杂的特点，选择先对参考图接循环，再进行绘制。

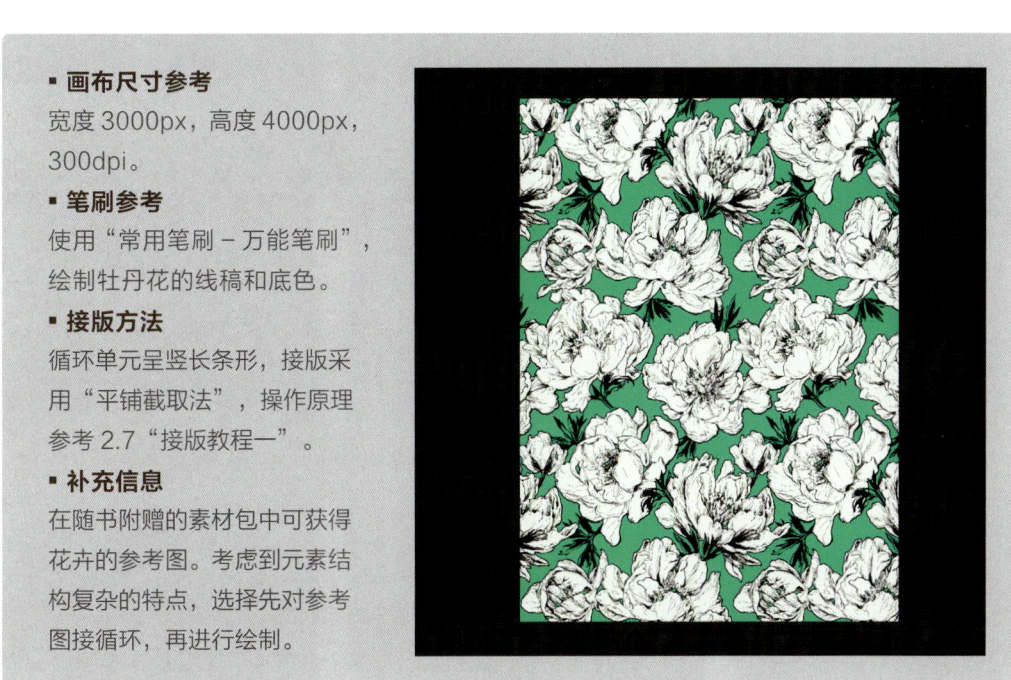

01 预处理素材

在随书附赠的素材包中找到单独的牡丹花参考素材，将它们排列成疏密得当的四方连续样式，以便于后期直接描摹。在排列素材时，注意在花卉之间留出叶片的位置，使留白均匀地分布在画面中。

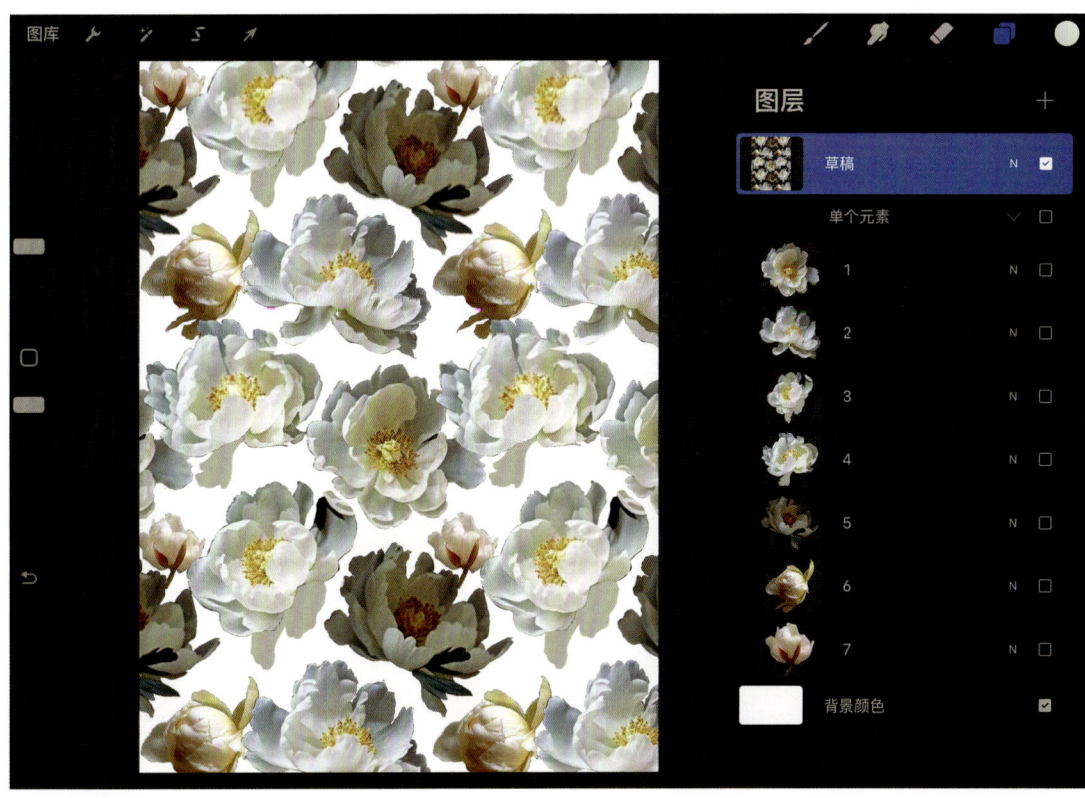

02 绘制元素

降低"草稿"图层的不透明度,用较为细腻的线条对素材进行勾勒,建议绘制的顺序为:外轮廓 – 花瓣结构 – 花蕊结构 – 肌理细节。新手同学可以先试着描摹参考线稿来熟悉线条的感觉,熟练后再描摹原素材。

03 细化元素

新建图层,刻画花卉的结构细节,并添加叶片元素。沿着上一步骤中的线稿,用较粗的线条或者以排线的方式对花卉结构中的暗部进行加深。在运笔时,注意线条的形态变化,塑造符合自然肌理的优美弧度。

04 制作元素组

选择一个明亮的底色,并为花卉部分绘制白色的底色。将所有图层成组备份合并,参考"草稿"图层的样式,将花卉元素组拷贝平移至铺满画面。观察画面中线稿加重区域和留白区域是否分布得当,反复微调至满意为止。

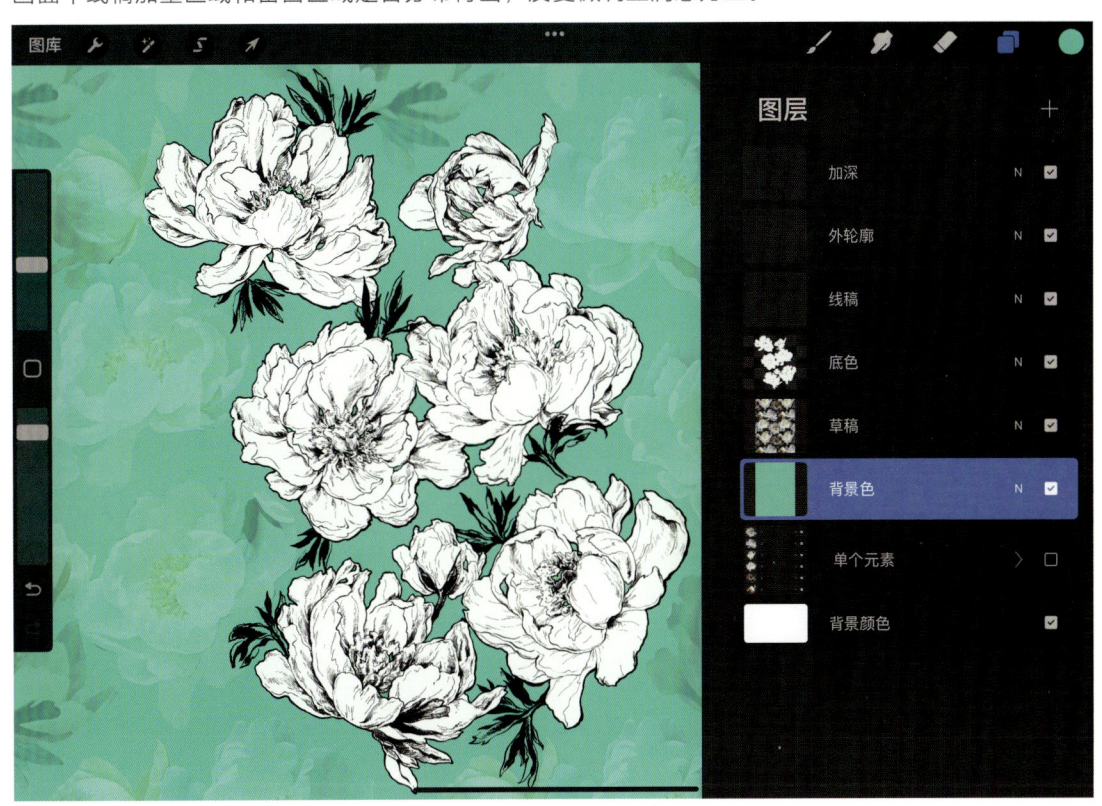

05 完善循环单元

白描图案非常适合锻炼绘图的基本功。对于新手同学来说,可以通过描摹线稿来快速熟悉线条的粗细和弧度变化;对于学有余力的同学来说,可以沿用画面中的线条形态,将牡丹花素材替换成其他花卉来进行创作。

4.5 涂鸦笔触

涂鸦肌理图案以自由随意的风格为特点，展现出一种儿童画的"潦草感"和"笨拙感"，强调夸张的造型、大胆的配色、随机的线条和厚重的肌理。

在使用软件仿制手绘感图案的形态时，需要借助特定的肌理笔刷，比如：油画板刷、油画棒、粉笔和喷漆等。同时也要训练运笔，刻意营造出潦草、笨拙的感觉。

4.5.1 涂鸦笔触图案练习一

本小节以油画棒花卉纹样作为教案，带领同学们以轻松童趣的风格进行创作，了解肌理笔刷的用法和仿手绘感线条的运笔技巧，通过灵活运用元素来提高效率，并练习复杂配色的分配方案。

思考：观察儿童画作品，分析其配色、造型和运笔特征。

▪ **画布尺寸参考**
宽度 3000px，高度 4000px，300dpi。

▪ **笔刷参考**
使用"风格探索－油画棒"，绘制花叶元素及底色。

▪ **接版方法**
循环单元呈长方形，接版采用"平铺截取法"，操作原理参考 2.7"接版教程一"。

▪ **补充信息**
在随书附赠的素材包中可获得花卉的参考图。考虑到元素结构复杂的特点，选择先对参考图接循环，再进行绘制。

01 预处理素材

在随书附赠的素材包中找到单独的花叶参考素材，将它们排列成疏密得当的四方连续样式。在使用素材时，灵活使用"缩放、旋转、对称、液化"的功能，尽可能做到一图多用，提高后续描摹的效率。

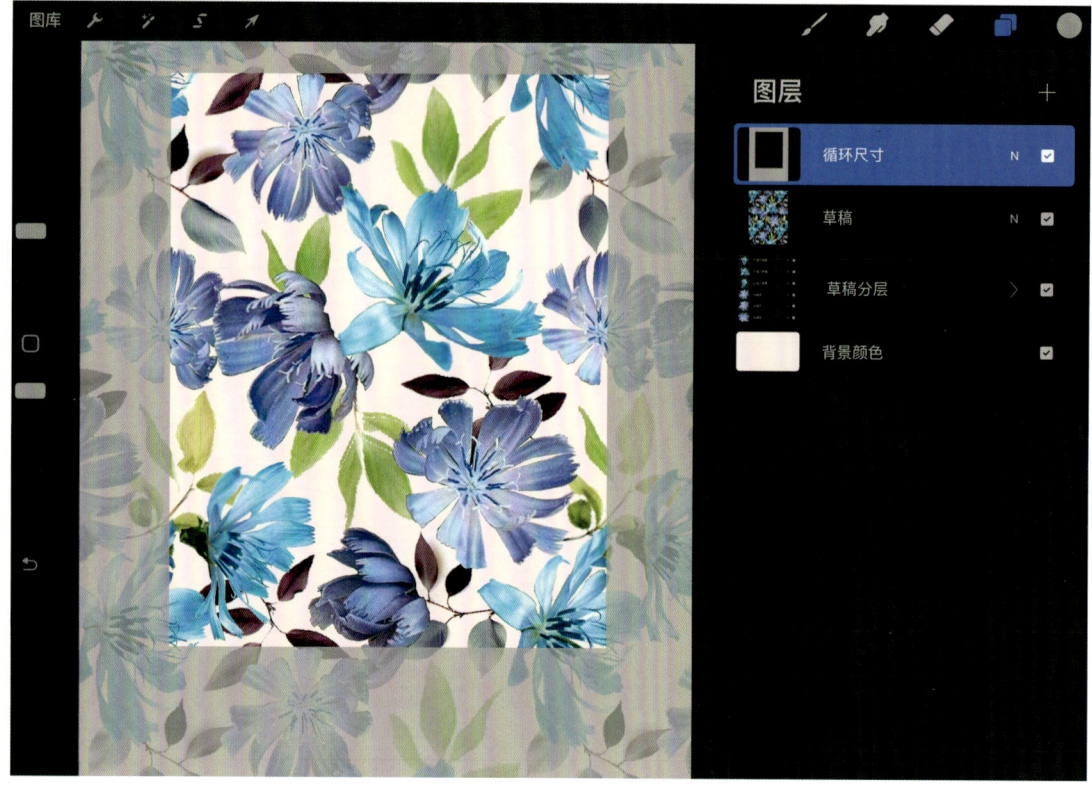

02 绘制花卉

使用"风格探索－油画棒"分别用四种颜色绘制花卉元素。在运笔时,模仿略带稚气的手绘风格,绘制出自由轻松又不失条理的线条。新手同学可以先试着描摹参考线稿来熟悉线条的感觉,熟练后再描摹原素材。

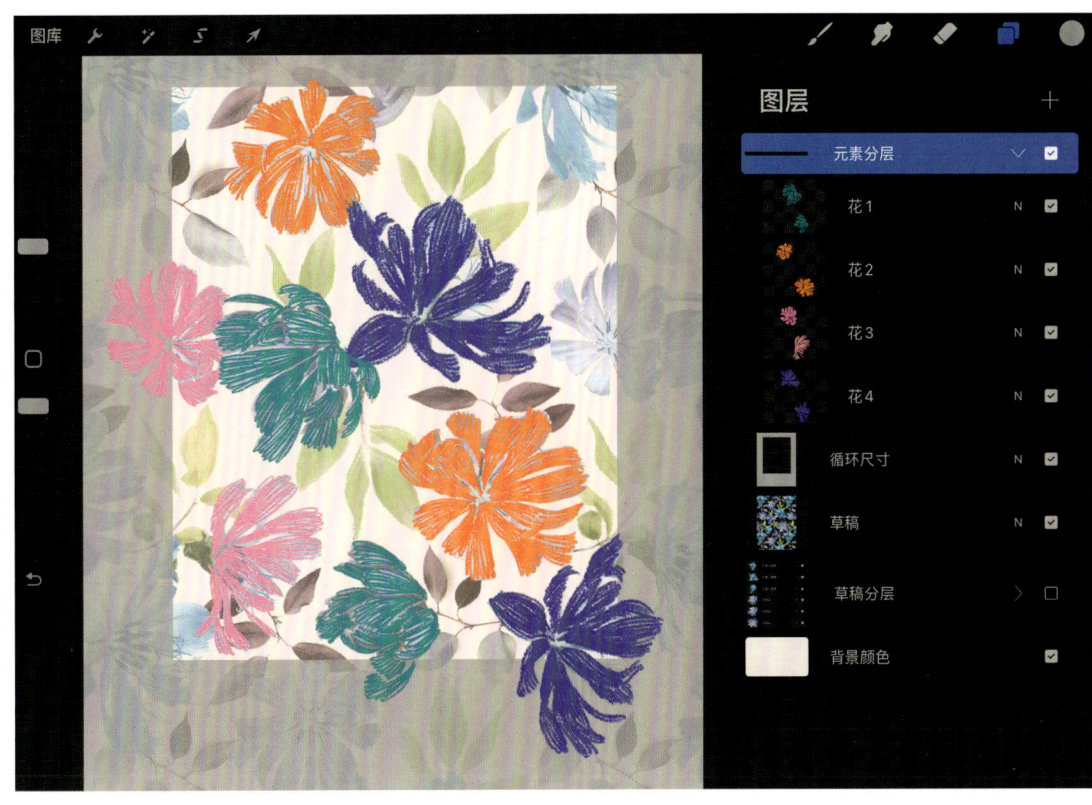

03 绘制叶子

使用"风格探索－油画棒"用绿色绘制叶片元素。在花叶的颜色分配时,使相同的颜色尽量错开。在还没有确定配色方案时,可以先选取几种对比强烈的色彩暂作替代,注意合理分层,有助于后期快速改色。

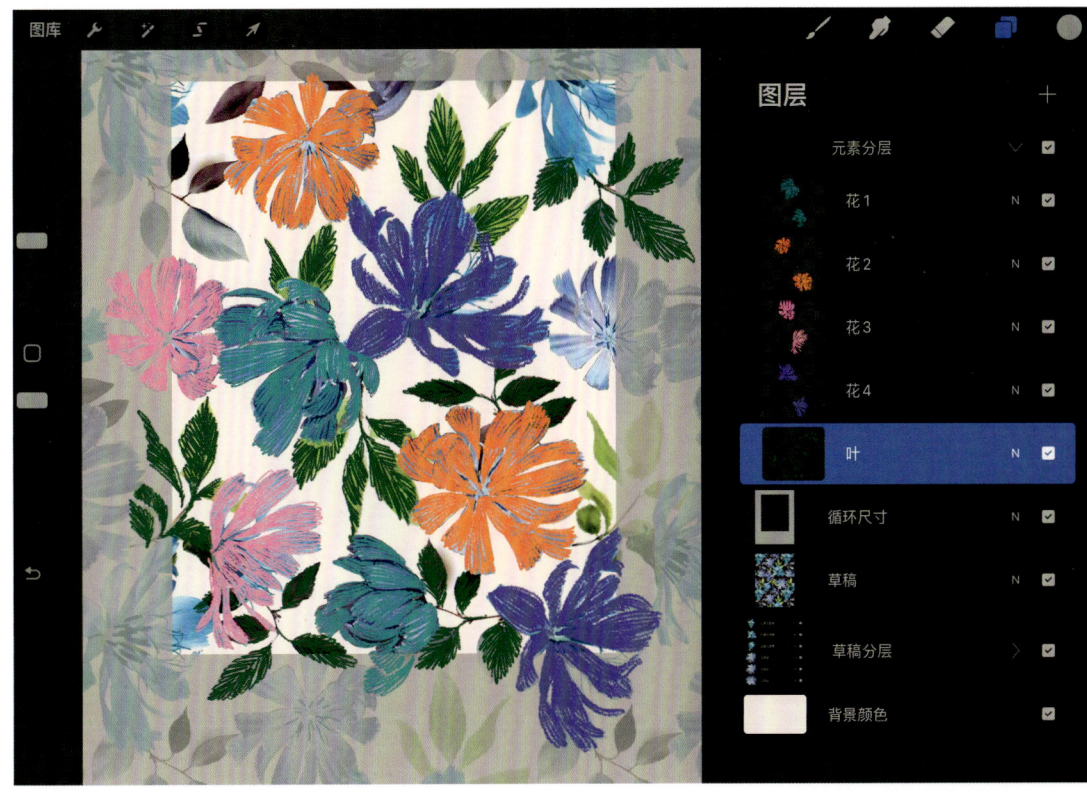

04 调整颜色

确定了本案使用粉色系之后，将四组花卉调整为不同色调的粉色。继续用"油画棒"笔刷为花卉增加色彩层次，并增加花蕊细节。在花蕊颜色的选择上，可以考虑临近花卉的颜色，使不同元素之间有所呼应。

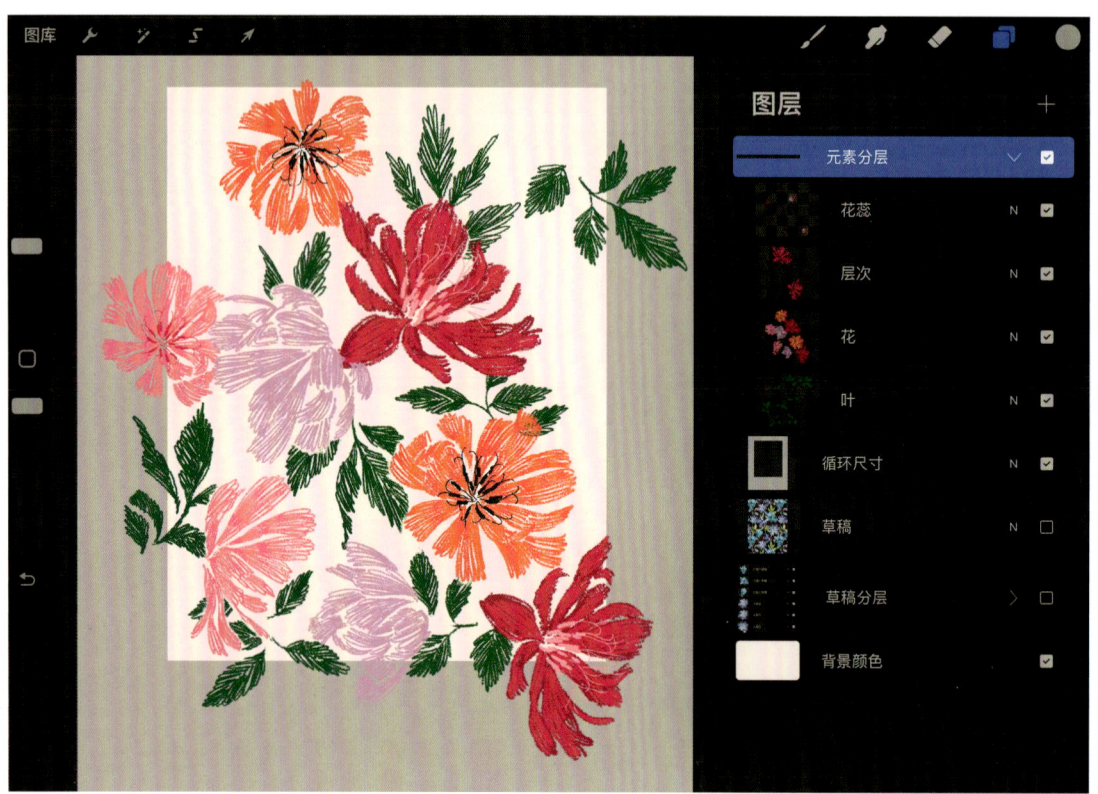

05 绘制底色并完稿

在画面留白处用深绿色进行排线填充，背景色部分的颜色应更实更重，与花叶元素的明度拉开差距。在进行四方连续接版时，要注意元素之间的重叠关系，擦除被花卉覆盖到的叶子部分，保持画面中色彩分区清晰。

4.5.2 涂鸦笔触图案练习二

本小节以油画质感太阳花纹样作为教案，带领同学们进一步了解手绘感图案的特点和绘制技巧，学习如何结合多种笔刷的优势，来塑造出肌理纹样更为逼真的效果和更加丰富的质感变化。

思考：观察真实的油画质感，分析颜料混合堆积和枯笔留白效果的特征。

- **画布尺寸参考**
  宽度 3000px，高度 4000px，300dpi。
- **笔刷参考**
  使用"常用笔刷－葛辛斯基油墨"和"风格探索－调色刀"，完成太阳花底色和质感塑造。
- **接版方法**
  循环单元呈横正方形，接版采用"平铺截取法"，操作原理参考 2.7"接版教程一"。
- **补充信息**
  在随书附赠的素材包中可获得花卉底色的参考图。

01 绘制花叶

使用"常用笔刷－葛辛斯基油墨"模仿平头油画板刷的绘图效果，注意花瓣的形状和角度变化。用"常用笔刷－万能笔刷"绘制花蕊部分，刻画出毛绒感的轮廓线。* 在随书附赠的素材包中可找到太阳花的底色画稿。

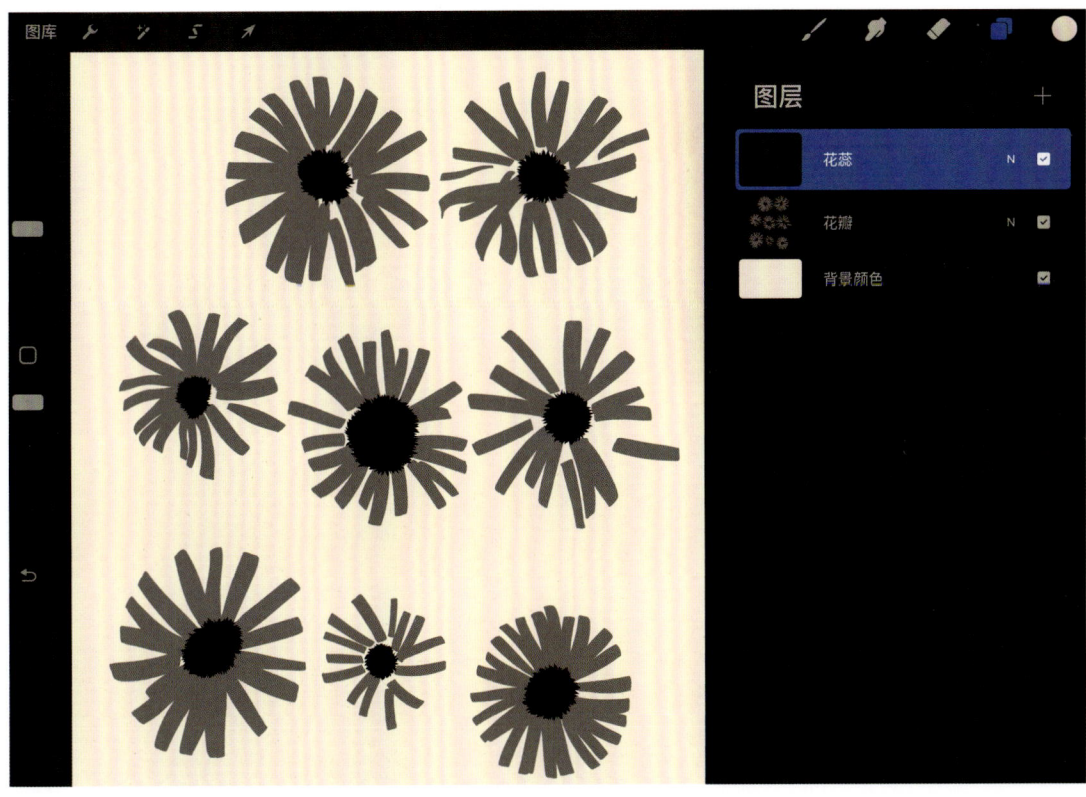

02 调整颜色

将花蕊部分改为深棕色，花瓣部分改成橙黄色系。新建"肌理1"图层，打开"剪辑蒙版"，用"风格探索－调色刀"吸取比底色略深的黄色，按照花瓣底图的走向进行描摹，增加油画肌理。

03 增加肌理

新建图层，用上一步骤的方法，为花蕊部分增加肌理，并为花瓣加强颜色变化。在花瓣颜色的选择上，可以考虑临近花卉的颜色，使画面中元素的用色有所呼应。在细化时，选色也应点到为止，色彩太多反而会打破画面的统一感。

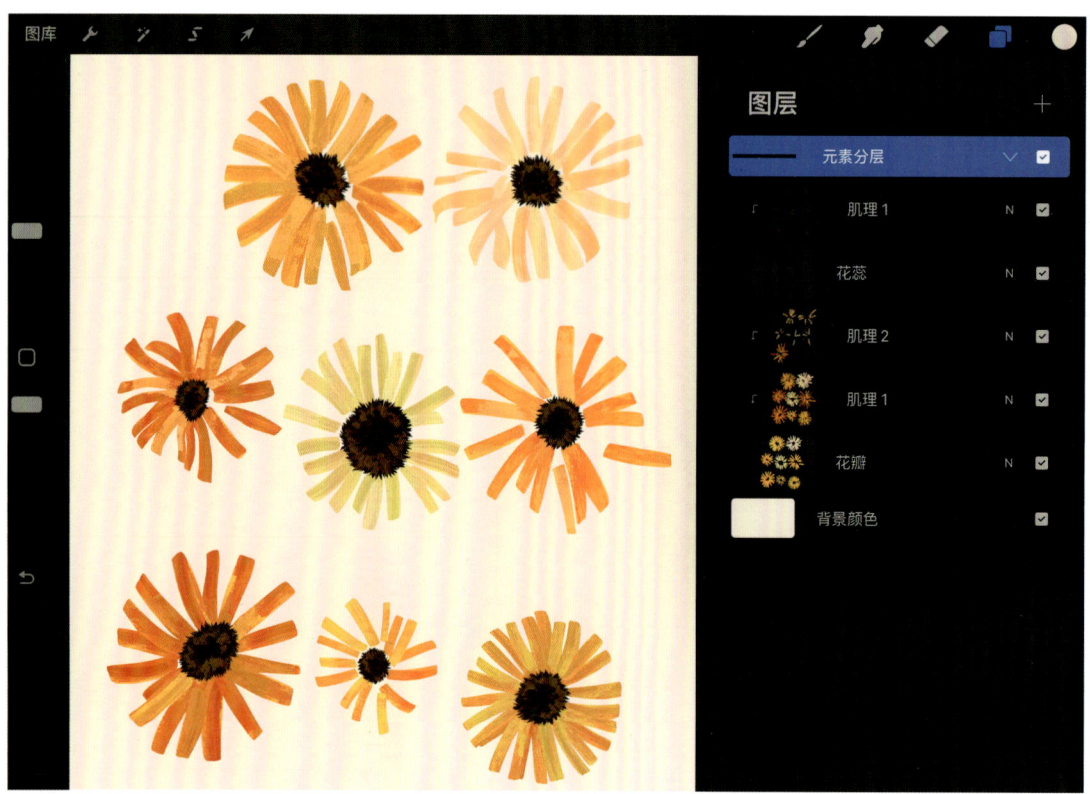

04 确定循环单元

确定循环单元的比例，用灰色区域框选出来。将"元素分层"组合并后拆分成单朵花卉元素进行排列。调整元素的大小和位置，制造出疏密有致的排列效果。灵活使用"缩放、旋转、对称、液化"的功能，提高元素的利用率。

05 完善画面效果

确定循环单元的元素构成后，将"元素组"合并后拷贝平铺至画面铺满纹样。观察元素的疏密关系和色彩的轻重分布，进行微调。重复以上操作，直到整个画面达到了平衡的状态。

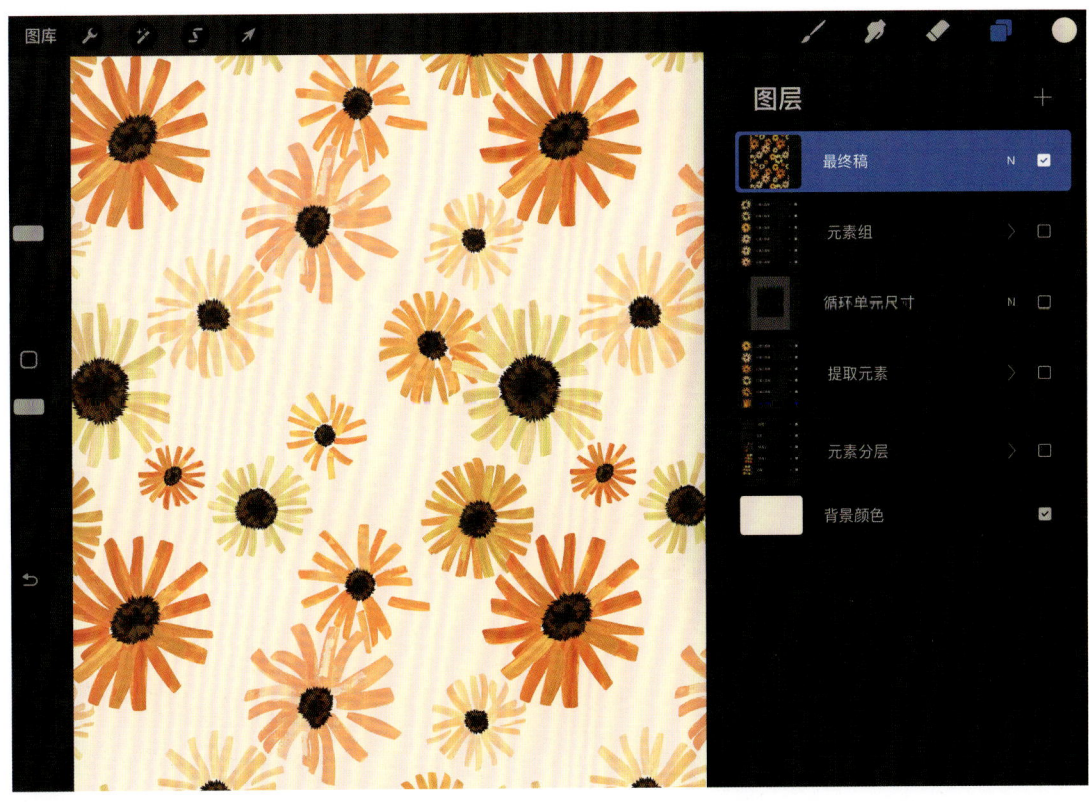

4.6 水彩效果

水彩画是使用透明颜料作画的一种绘画方法。水彩画具有两个基本特征：一是画面具有通透的视觉效果；二是绘画过程中水的流动性，造成多种色料堆积或混合的形态。

在使用软件仿制水彩图案的形态时，需要借助特定的水彩笔刷和水迹印章笔刷。前者用于制作元素通透的底色，后者用于为底色加强水痕肌理和自然的混色效果。

第 4 章 图案设计风格探索

4.6.1 水彩效果图案练习一

本小节以碎花纹样作为教案,带领同学们从简单的元素入手,了解水彩笔刷和水痕肌理的用法。同时,大家还可以复习碎花图案的制作流程,灵活运用少量元素来快速扩展图案的尺寸,提高制图的效率。

思考:观察真实的水彩质感,了解颜料在水中扩散、堆积、以及风干后的效果。

▪ **画布尺寸参考**
宽度 3000px,高度 4000px,300dpi。

▪ **笔刷参考**
使用"风格探索 – 烧边水彩",绘制花叶元素的底色;使用"风格探索 – 水迹印章"为画面增加水纹肌理。

▪ **接版方法**
循环单元呈横长方形,接版采用"平铺截取法",操作原理参考 2.7"接版教程一"。

▪ **补充信息**
在随书附赠的素材包中可获得笔刷及花卉底色的参考图。

01 预处理素材

在随书附赠的素材包中找到花叶的参考素材。其中,花卉部分为灰色,叶子部分为灰色。新手同学在练习水彩画法时,尽可能地选择结构简单清晰的剪影类素材。

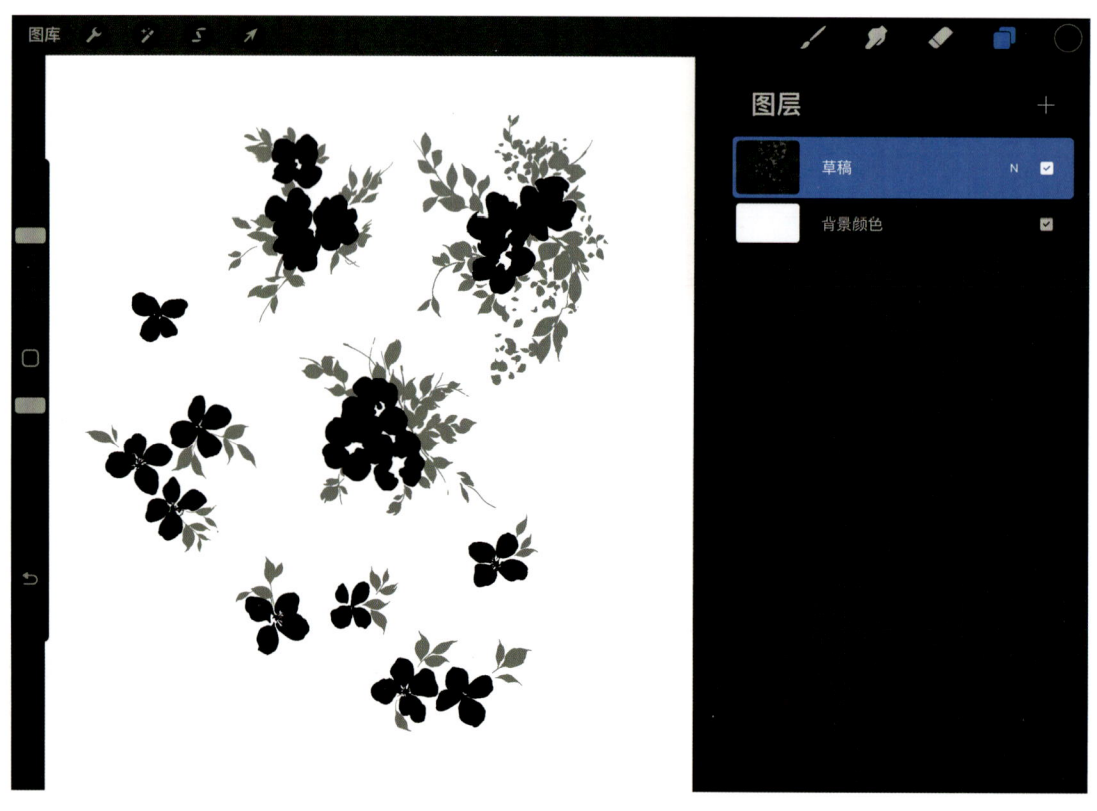

02 绘制元素

使用"风格探索－烧边水彩"分别用三种颜色绘制花叶元素。其中,为了丰富图案的色彩呈现效果,叶子分为两个颜色。因为笔刷自带不透明度,多层笔迹叠加会影响晕染效果,所以大家在勾勒图形的过程中,尽量一笔完成。

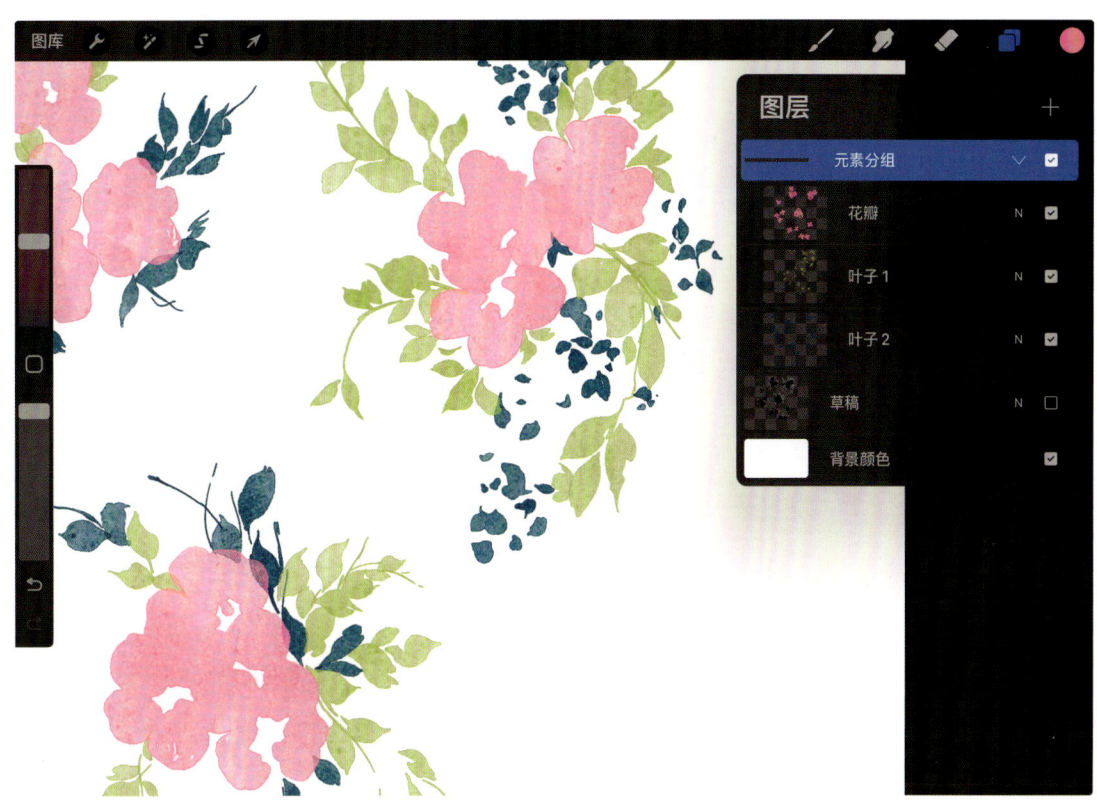

03 调色并增加肌理

分别将花叶底色图层的颜色替换为浅粉、黄色和褐色。在底色上方新建图层,打开"剪辑蒙版"功能,吸取较底色更深的颜色,选择"风格探索－水迹印章1&2&3"以点涂的方式为花叶增加水痕肌理。

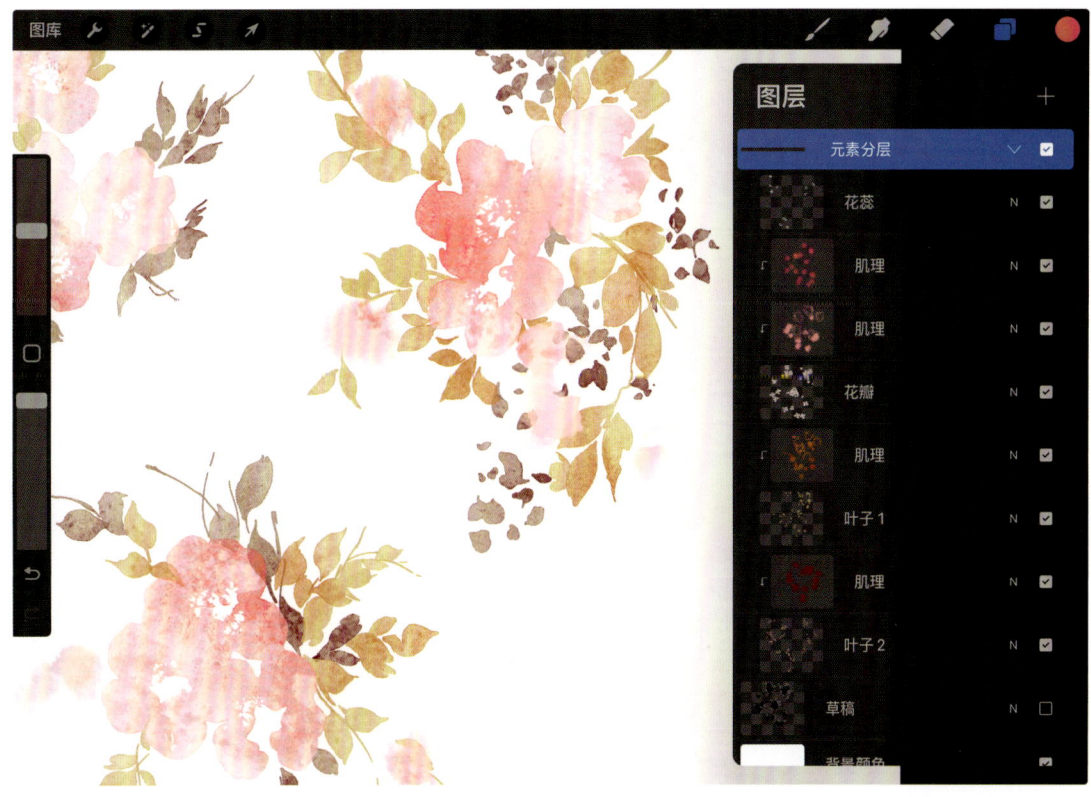

04 组合元素

将"元素分层"组合并后拆分成单个花叶元素组进行排列，得到一个聚集的大型元素组。调整元素的大小和位置，制造出疏密有致的排列效果。灵活使用"缩放、旋转、对称、液化"的功能，提高元素的利用率。

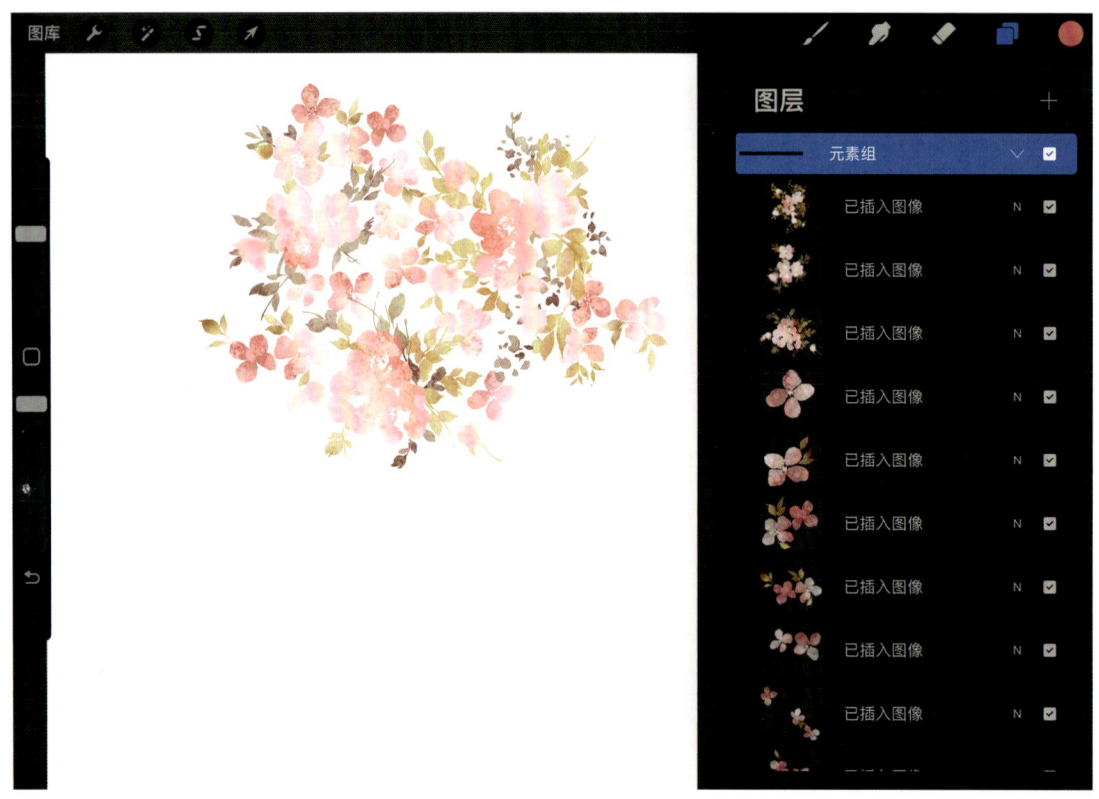

05 完成接版

拷贝并移动大型元素组，以错位的形式进行排列，得到"平铺效果"图层。同学们可以通过定位相同的元素来了解元素组的分布规律。重新提取单个的花叶元素，对画面中空白的部分进行填充，完成四方连续接版。

4.6.2 水彩效果图案练习二

本小节以海洋生物纹样作为教案，带领同学们进一步了解如何将照片素材转化成水彩效果。大家还可以学习到如何使用渐变映射功能，来加强素材的明暗效果，预处理素材以便于图案的细化。

思考：如何将水彩上色法脱离出水彩类型，与其他图案类型结合使用？

- **画布尺寸参考**
  宽度 3000px，高度 4000px，300dpi。
- **笔刷参考**
  使用"风格探索 – 烧边水彩"，绘制贝壳元素的底色；使用"风格探索 – 水迹印章"为画面增加水纹肌理。
- **接版方法**
  循环单元呈横正方形，接版采用"平铺截取法"，操作原理参考 2.7 "接版教程一"。
- **补充信息**
  在随书附赠的素材包中可获得贝壳的参考图。

01 预处理素材

在随书附赠的素材包中找到单独的参考素材，将它们排列成疏密得当的四方连续样式。在使用素材时，灵活使用"缩放、旋转、对称、液化"的功能，尽可能做到一图多用，提高后续描摹的效率。

02 渐变映射辅助绘图

完成草稿的四方连续接版，合并为一个图层"草稿"。打开"调整－渐变映射"，选择合适的颜色方案，来强化画面中的明暗关系。新手同学可以参考下图中的展示效果对色条进行调整。"渐变映射"的使用方法参考2.6"基础调色教程二"。

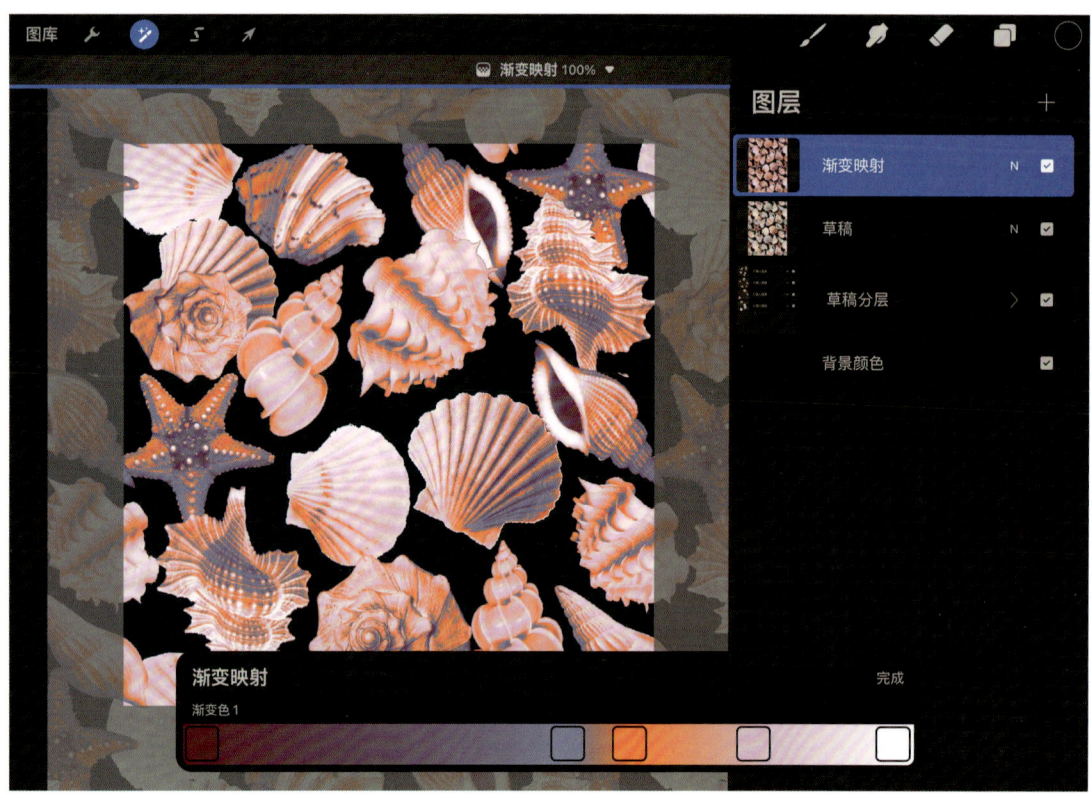

03 绘制元素

使用"风格探索－烧边水彩"分别用三种颜色来刻画元素。其中，红色对应画面中的紫色、粉色对应橙色。因为笔刷自带不透明度，多层笔迹叠加会影响晕染效果，所以大家在勾勒图形的过程中，尽量一笔完成。

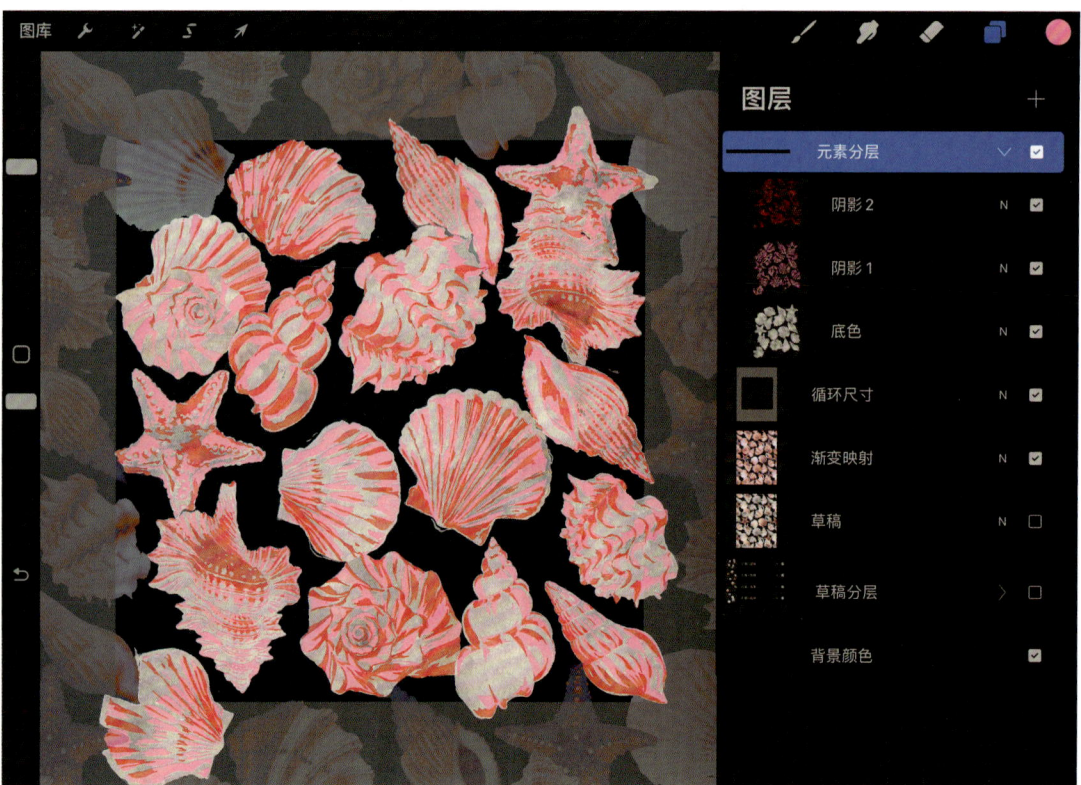

04 调整颜色

确定该案的配色方案后，对三个图层打开"阿尔法锁定"吸取合适的颜色分别对每一个元素的每一个图层进行改色，以一色多用来制造元素之间的关联性。大家也可以新建图层，使用"剪辑蒙版"加手动涂色的方式来改色。

05 完成接版

确定循环单元的元素构成后，将"元素组"合并后拷贝平铺至画面铺满纹样。观察元素的疏密关系和色彩的轻重分布，进行微调。重复以上操作，直到整个画面达到了平衡的状态。

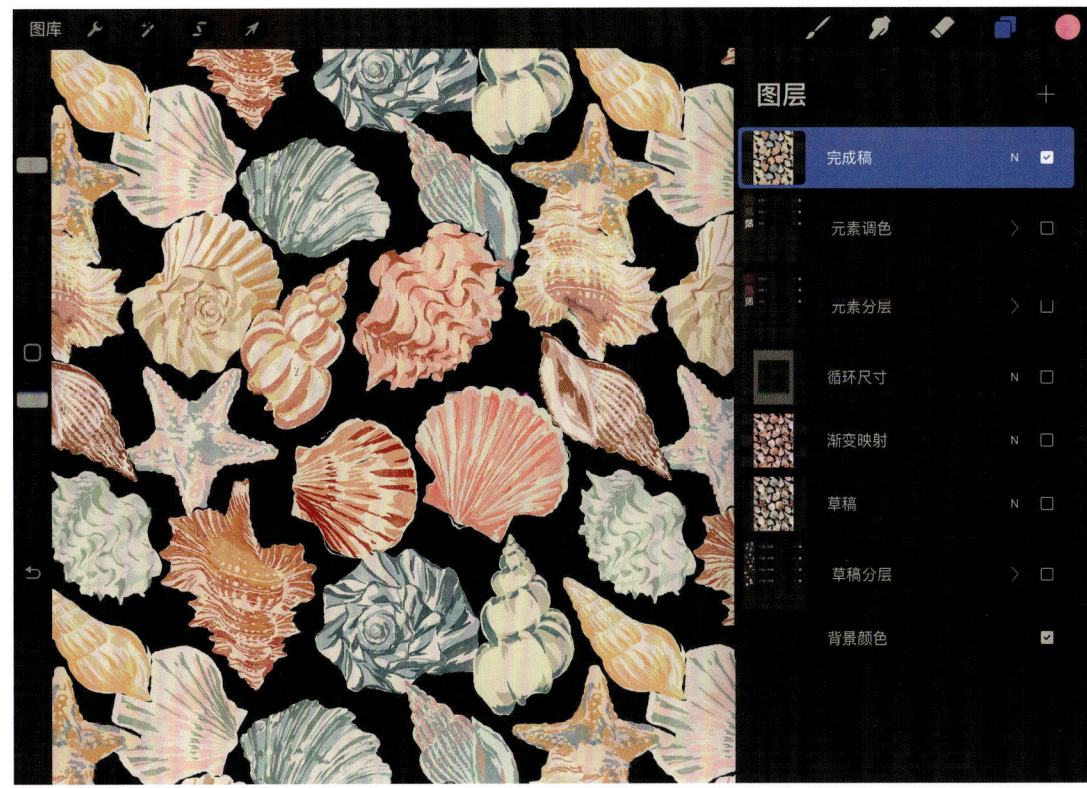

4.7 模糊晕染

　　模糊晕染图案以渐变、模糊的效果为特点，通常表现出柔和、流动的视觉效果。摄影虚焦的效果和扎染的渐变效果构成了此类图案的重要组成类型。

　　在模拟虚焦效果时，新手同学可以用现有的图案素材来练习涂抹技法。等操作熟练后，再尝试自己着手绘制更加适合模糊效果的底图。在模拟扎染效果时，建议多观察扎染面料的颜色状态，并分析染料的浸染路线，这样有助于我们去还原真实的晕染效果。

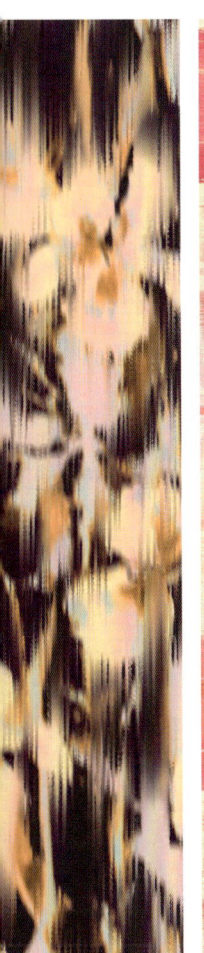

第 4 章 图案设计风格探索

4.7.1 模糊晕染图案练习一

本小节以植物壁纸纹样作为教案，带领同学们以简单的剪影花卉入手，了解水迹印章笔刷和模糊工具的使用方法，以及如何选择合适的肌理笔刷对画面进行涂抹处理。本案为菱形连缀式构图，大家也可以巩固一下镶嵌式图案的制作方法。

思考：什么类型的图案更适合叠加模糊晕染效果？

- **画布尺寸参考**
  宽度 3000px，高度 4000px，300dpi。
- **笔刷参考**
  使用"常用笔刷－万能笔刷"，绘制花叶元素；使用"风格探索－水迹印章"为画面增加水纹肌理。
- **接版方法**
  循环单元呈正方形，接版采用"接缝转移法"，操作原理参考 2.8 "接版教程二"。
- **补充信息**
  在随书附赠的素材包中可获得笔刷及花卉底色的参考图。

01 绘制草稿

使用"常用笔刷－单线"绘制菱形格的草稿，将网格准确地放置在画面正中央，用灰色对齐网格框选出循环尺寸。

*在随书附赠的素材包中可找到草稿的画稿。

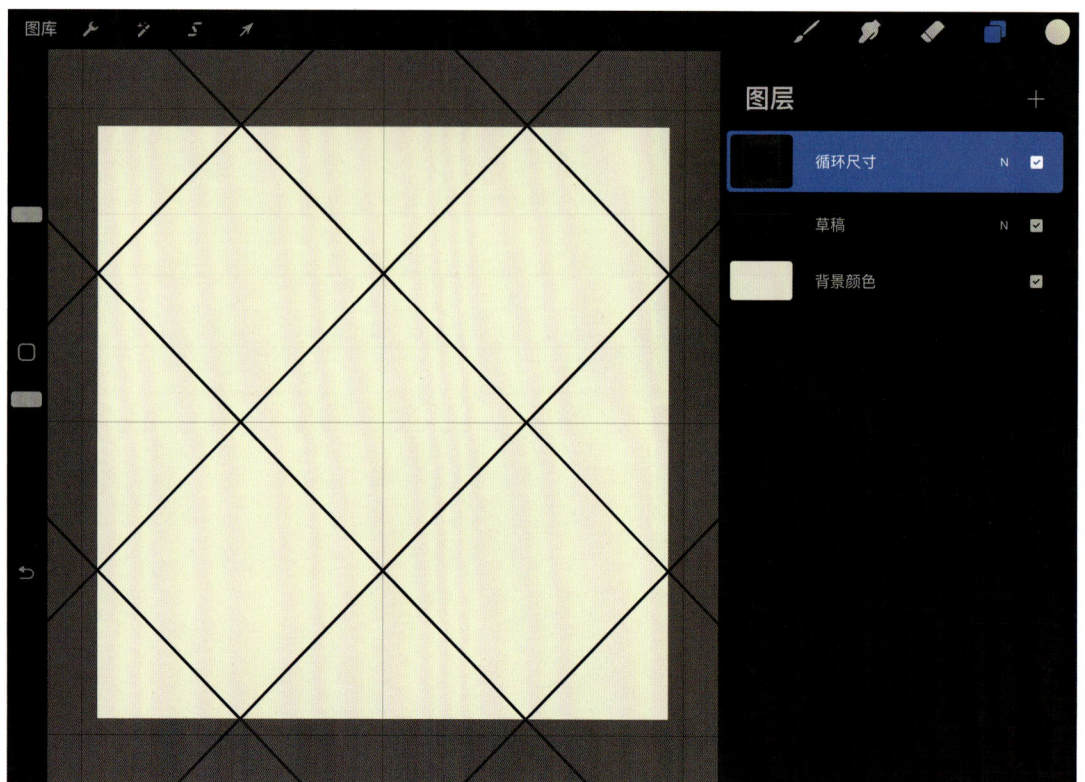

02 绘制花卉

打开软件的对称功能，新建图层并打开"绘图辅助"，使用"常用笔刷－万能笔刷"在网格的范围内进行元素的绘制。因为图案为镶嵌式错位排列的构图形式，所以需要反复多次平铺图案，观察图形之间的间距是否适宜。

03 调色并增加肌理

对"底色"图层打开"阿尔法锁定"，吸取粉色并"填充图层"。新建图层"肌理"，打开"剪辑蒙版"图层模式和"正片叠底"混合模式，继续使用粉色，用"风格探索－水迹印章"绘制错落分布的水痕效果。

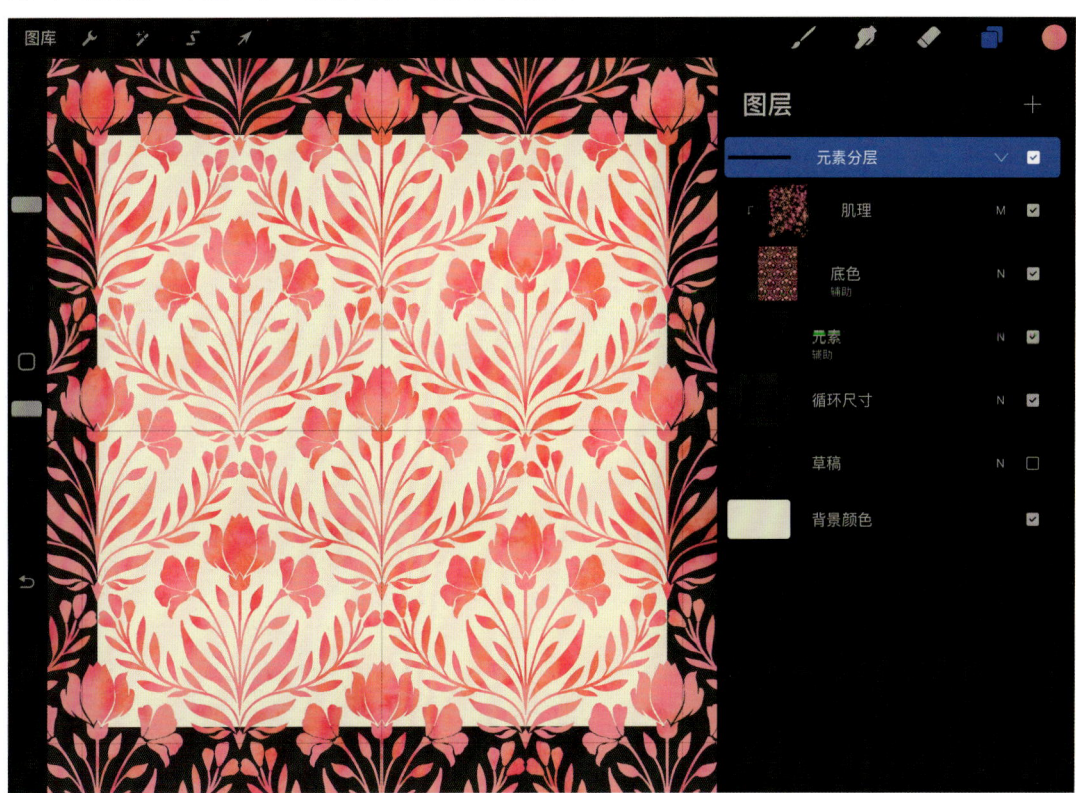

04 增加模糊效果

合并上一步骤中的"底色"和"肌理"图层，使用"动态模糊"，以垂直方向拖拽笔尖至阈值达到 10% 的效果。打开"绘图指引 –2D 网格"和图案所在图层的"辅助"模式，使用"风格探索 – 袋狼"以垂直方向对画面进行涂抹处理。

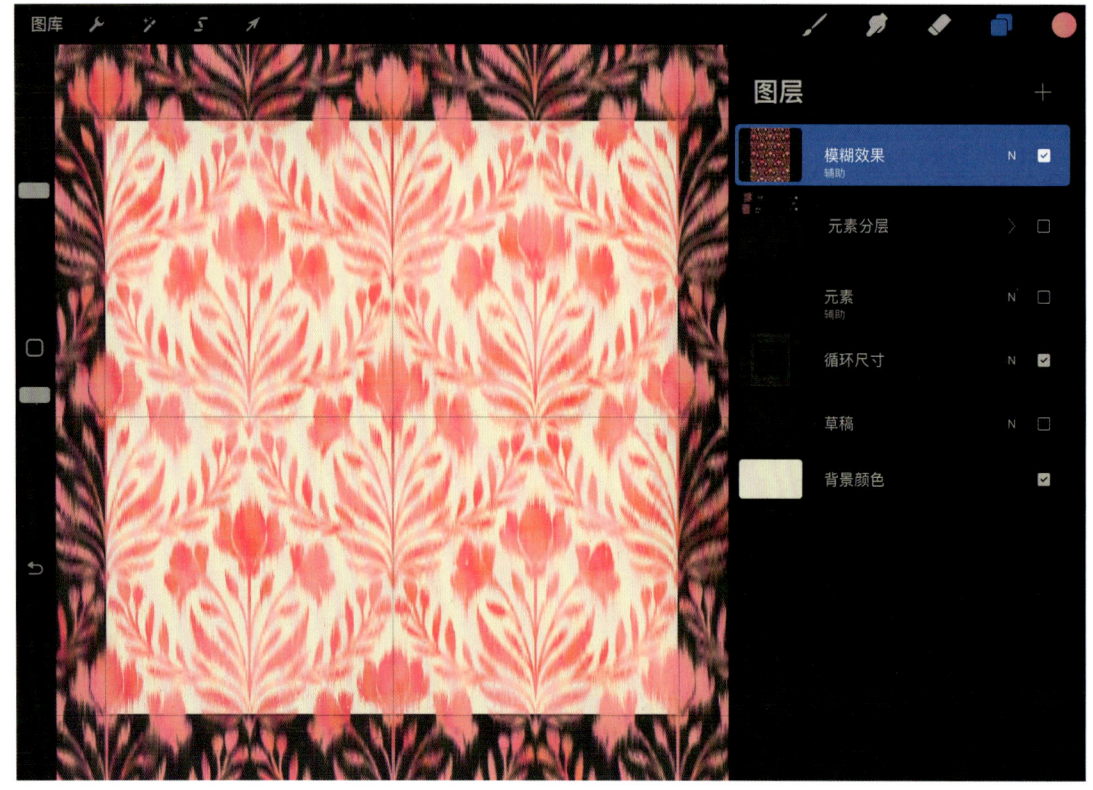

05 接版并完稿

在涂抹时，为了便于后续的接版操作，适当扩大图案处理的区域。参考 2.8 "四方连续接版教程二"中转移接缝的方法，将素材从中间分开，进行上下、左右部分的对调，使得循环单元区域外的备用纹样转移到画面中央，擦除重叠的部分。

4.7.2 模糊晕染图案练习二

本小节以手工感的扎染纹样作为教案，为同学们介绍扎染笔刷和水迹印章笔刷的用法，学习如何结合多种笔刷的优势，来塑造出肌理纹样更为逼真的效果和更加丰富的颜色变化。

思考：观察真实的扎染面料，分析捆扎手法对颜料浸染走向的影响。

- **画布尺寸参考**
宽度 4000px，高度 3000px，300dpi。
- **笔刷参考**
使用"风格探索－扎染笔刷"和"风格探索－水迹印章"，完成扎染图案的塑造。
- **接版方法**
循环单元呈正方形，接版采用"接缝转移法"，操作原理参考 2.8 "接版教程二"。
- **补充信息**
在随书附赠的素材包中可获得笔刷及图案的草稿。

01 绘制草稿

使用"常用笔刷－单线"绘制类似于等高线的草稿，确定图案的主结构。这些线条用来模拟扎染面料中被线捆扎而没有染上色的留白部分。对草稿完成接版，用灰色框选出循环尺寸。*在随书附赠的素材包中可找到草稿的画稿。

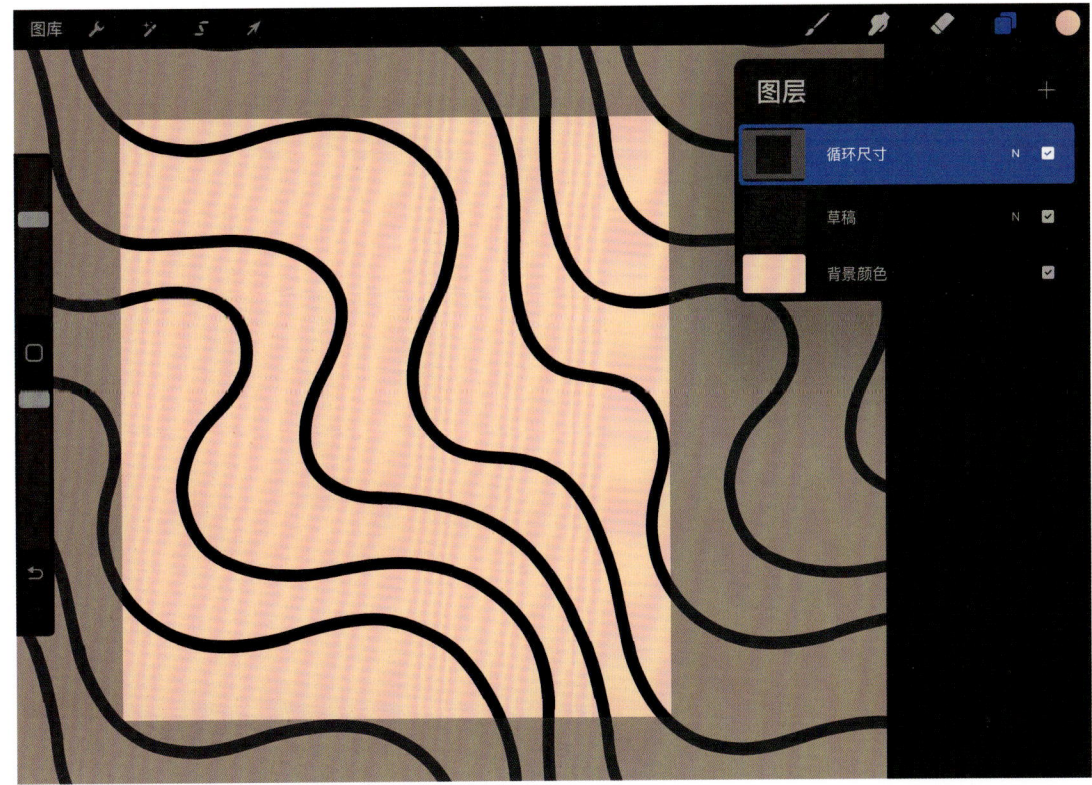

02 绘制元素

确定了本案使用橙色系之后，先吸取白色，用"风格探索－扎染笔刷1"沿着草稿的线迹进行描摹。在运笔时，注意线条的流畅度，以及肌理图形的大小变化，为了便于后续的接版操作，适当扩大图案绘制的区域。

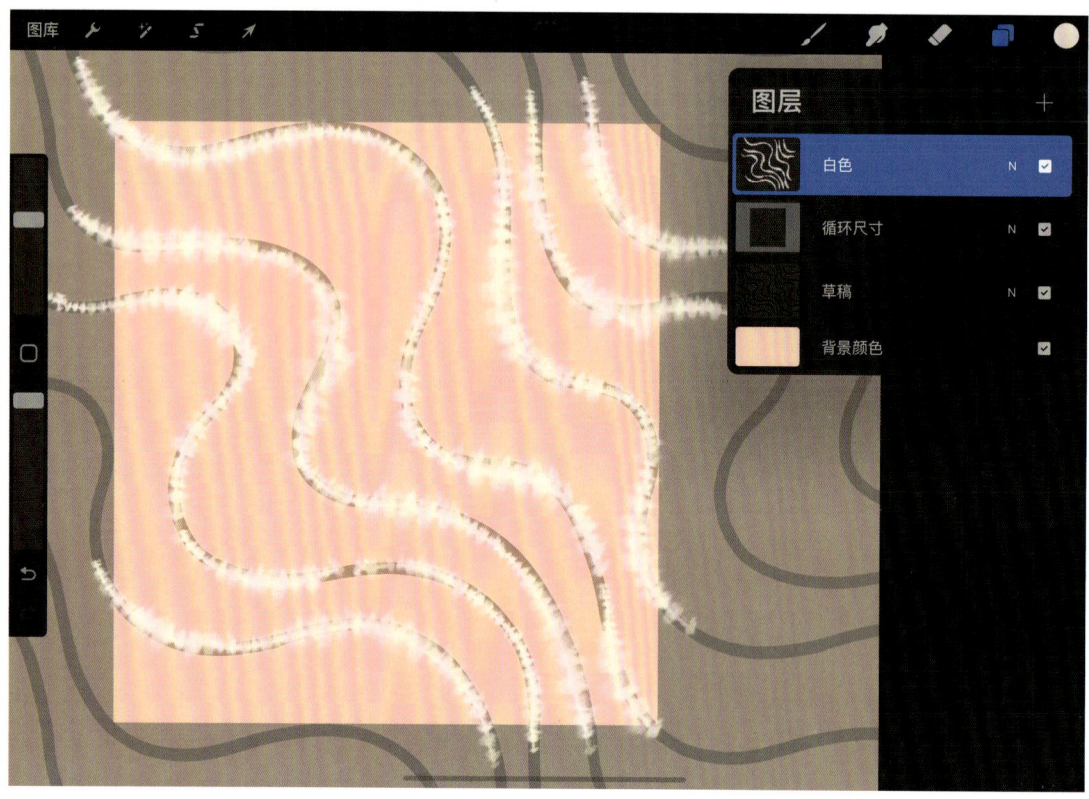

03 细化效果

用同样的方法，吸取橙色、粉色和浅粉色分图层对草稿进行描摹。可以尝试多种笔刷的混合效果，推荐笔刷为"风格探索－扎染笔刷2&3&4"。注意临近的线条避免使用同一种颜色，以及制造丰富的粗细变化效果。

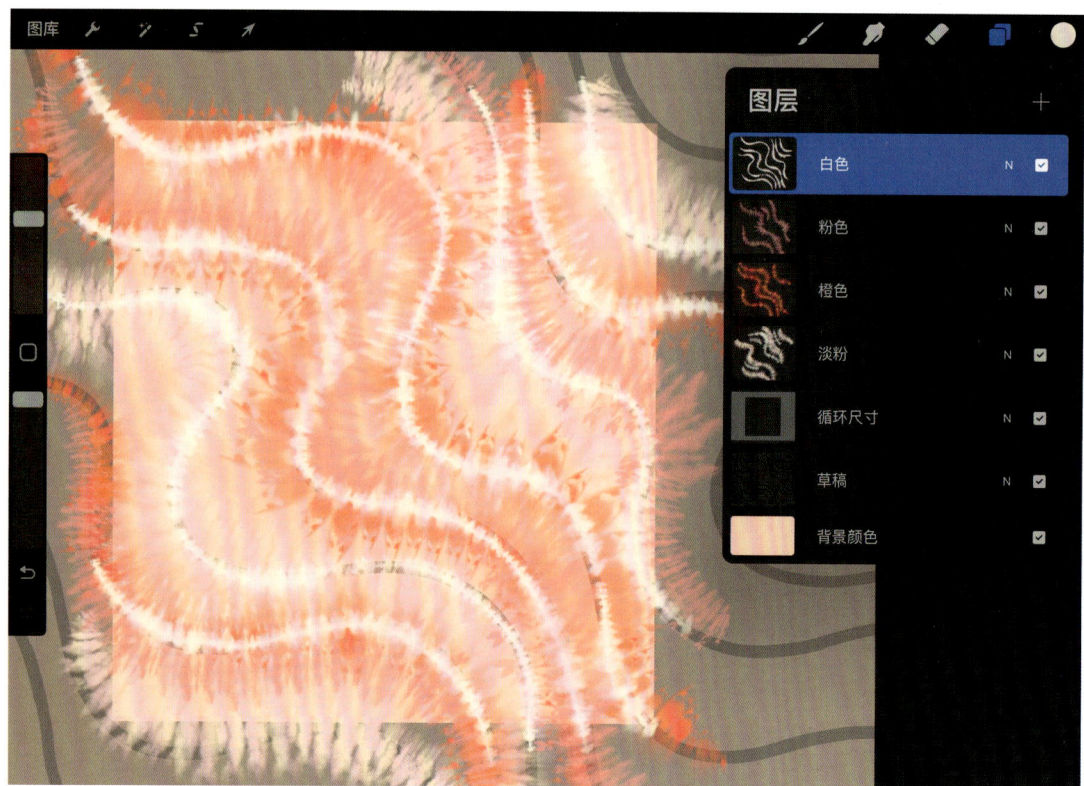

04 增加肌理

在橙色和粉色的线条上方新建图层,打开"剪辑蒙版"和"正片叠底",继续使用同种色调,用"风格探索-水迹印章"绘制错落分布的水痕肌理效果。用同样的方法为底色增加水迹效果。

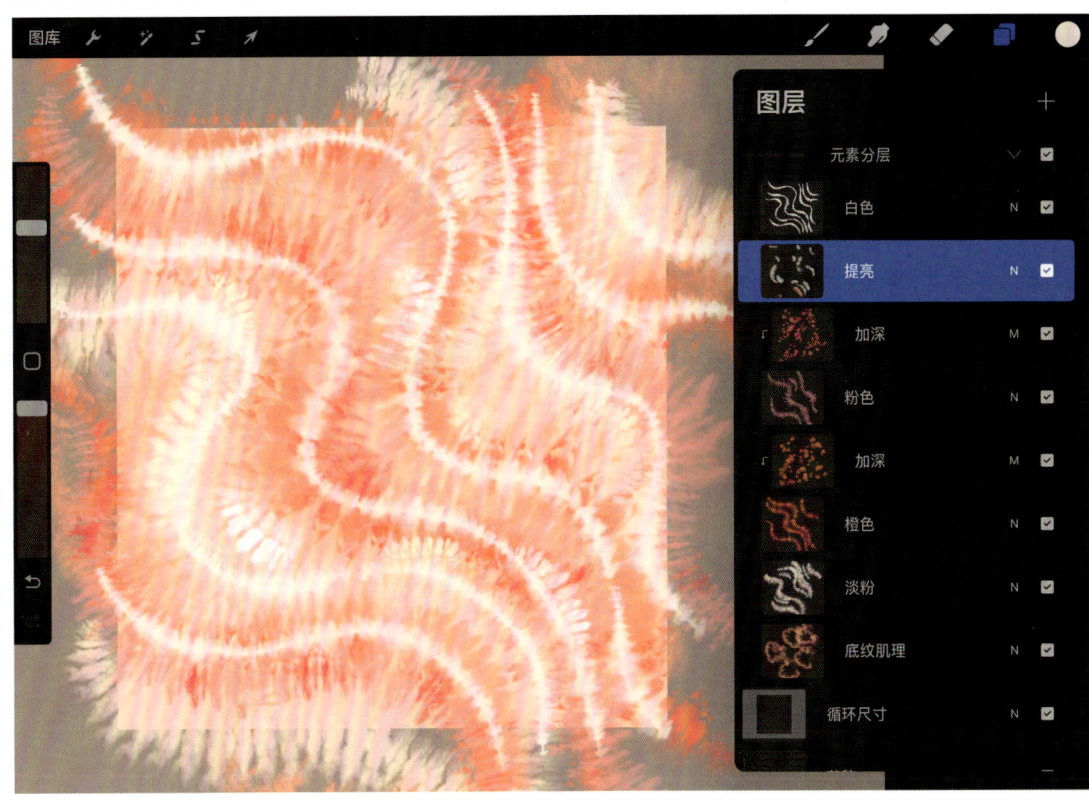

05 接版并完稿

将"元素分组"里所有的图层备份并合并。参考2.8"四方连续接版教程二"中转移接缝的方法,将素材从中间分开,进行上下、左右部分的对调,使得循环单元区域外的备用纹样转移到画面中央,擦除重叠的部分。

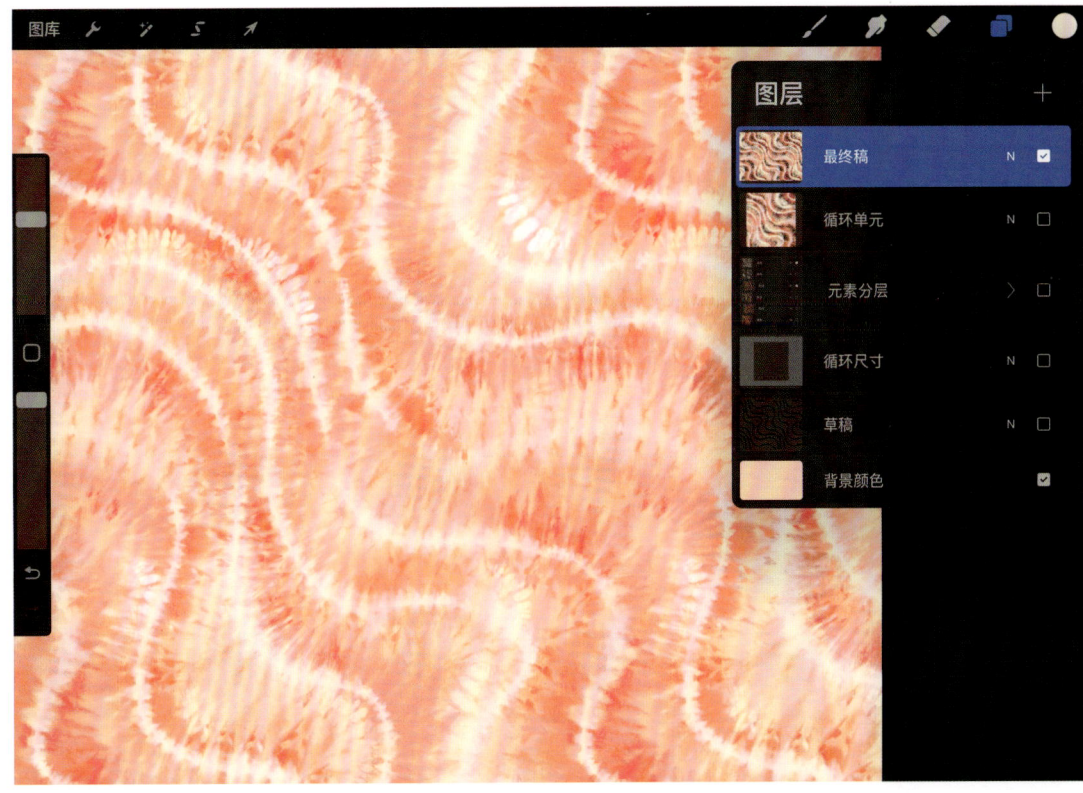

Chapter

图案设计与服装工艺

　　与图案设计相关的服装工艺可以根据图案参与面料生产的节点分为两类。第一类为织法类工艺，包括提花、嵌花和钩花等。第二类为表面处理类工艺，包括印花、刺绣和拼布。每一种工艺都有其特点和应用场景。例如，印花工艺可以实现多样的色彩和肌理组合，刺绣则为服装增添了立体的细节，而拼布和蕾丝制作则强调了手工艺的独特魅力。

　　本章为大家精选了四种具有代表性的服装工艺。在了解这些工艺的基础上，我们将利用Procreate中丰富的笔刷和便捷的功能，绘制出立体逼真的工艺花稿。你可以将手中现有的图稿与各种工艺结合，为图案的表现形式和装饰风格注入新的活力。

5.1 图案相关的服装工艺概述

在众多与图案设计相关服装工艺中，最常见的是印花工艺。在制作印花面料时，设计师只需要一比一导出高清花稿，交付给工厂即可。除了印花工艺以外，还有更多更复杂的服装工艺等待我们进一步探索。通过学习，我们将了解到这些工艺的制作方法及其对应的花稿样式。

本章节精选了镂空绣、蕾丝、珠片绣和拼花这四种工艺来进行详细的教学。

Printing

/ 印花

Lace

/ 蕾丝

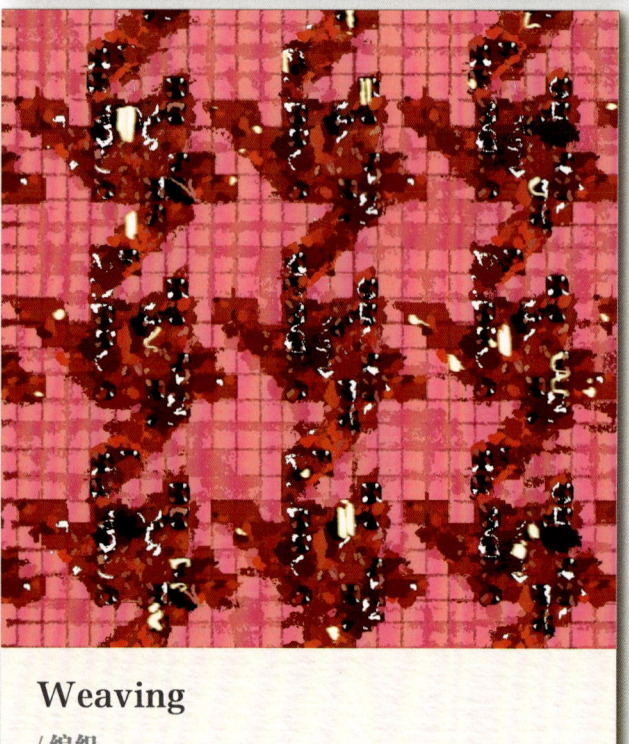

Weaving

/ 编织

Crochet

/ 钩花

Cutwork Embroidery
/镂空绣

Sequin Embroidery
/珠片绣

Jacquard
/提花

Patchwork
/拼花

5.2 镂空绣工艺

镂空绣是一种通过刺绣技术将布料的局部剪去，形成透视效果的工艺。镂空绣通过去除布料的部分，形成美丽的镂空形状，使得成品兼具层次感和轻盈感。本小节以蝴蝶结花束纹样作为教案，介绍如何将剪影类图案与镂空绣工艺结合，通过分层绘图，为花稿增加逼真的立体效果。

▪ **画布尺寸参考**
宽度 2000px，高度 2000px，300dpi。

▪ **笔刷参考**
使用"常用笔刷 – 万能笔刷"，绘制丝带和花叶元素的草稿、镂空绣包边和布底部分。

▪ **接版方法**
循环单元呈正方形，接版采用"平铺截取法"，操作原理参考 2.7 "接版教程一"。

▪ **补充信息**
在随书附赠的素材包中可获得网格草稿和单个花束元素。

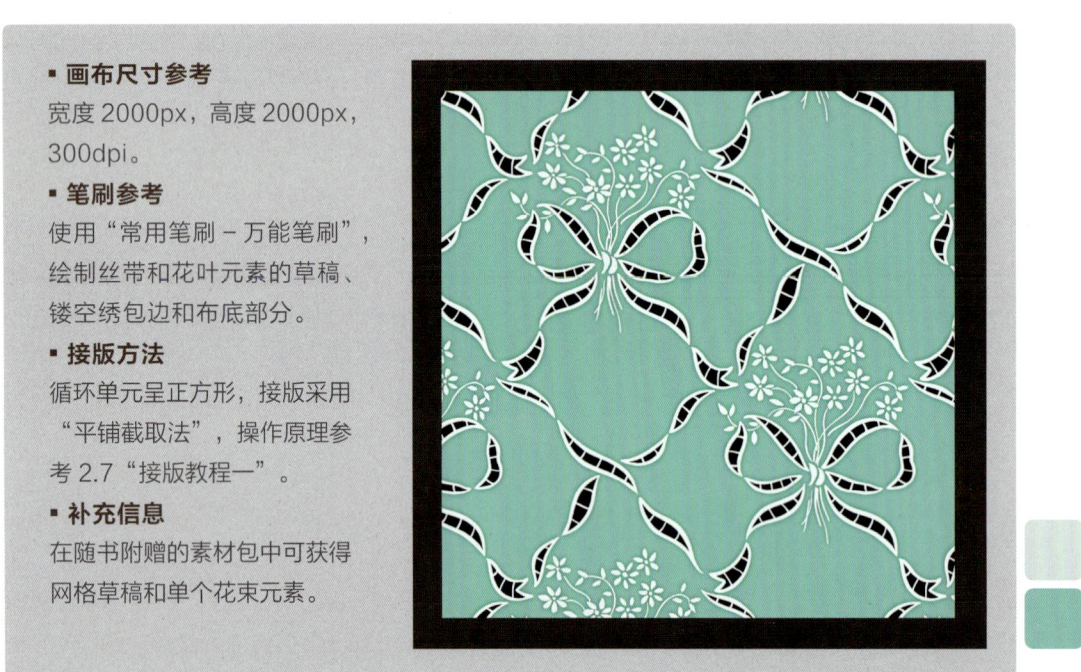

01 绘制草稿 – 主元素

使用"常用笔刷 – 单线"绘制菱形网格作为接版的参考线。使用"常用笔刷 – 葛辛斯基油墨"在网格的交点位置绘制一个大蝴蝶结和少量小花元素，大概占据菱形边长的一半长度。

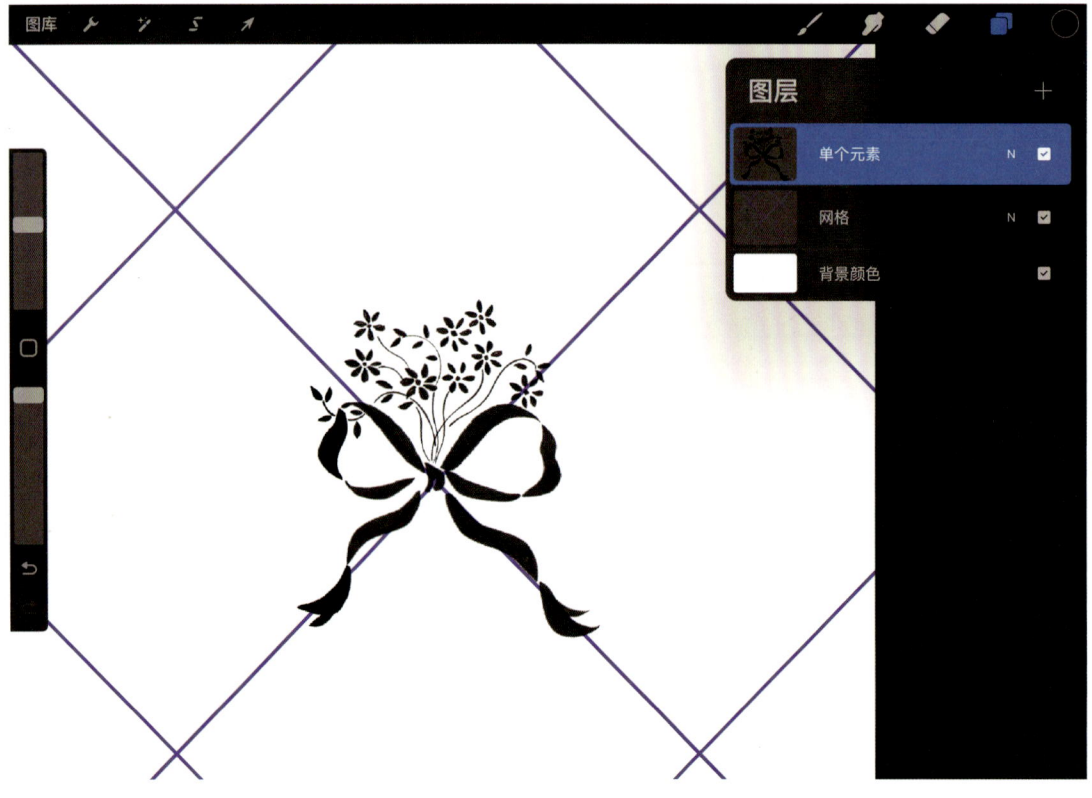

02 绘制草稿 – 排列元素

拷贝花束元素并整齐排开,将蝴蝶结的中心对准网格的交点,使所有元素连接形成网格结构。在绘制花束时,强调丝带和花梗的粗细对比,在后续步骤中分别对应镂空绣和线绣两种工艺。

03 绘制草稿 – 完成接版

使用"常用笔刷 – 葛辛斯基油墨"在菱形网格中央的留白处绘制两根交叉的丝带元素,确保新的丝带笔触与原有的笔触自然融合,形成更为复杂的网格结构。注意使画面中的元素保持距离,避免重叠的情况。

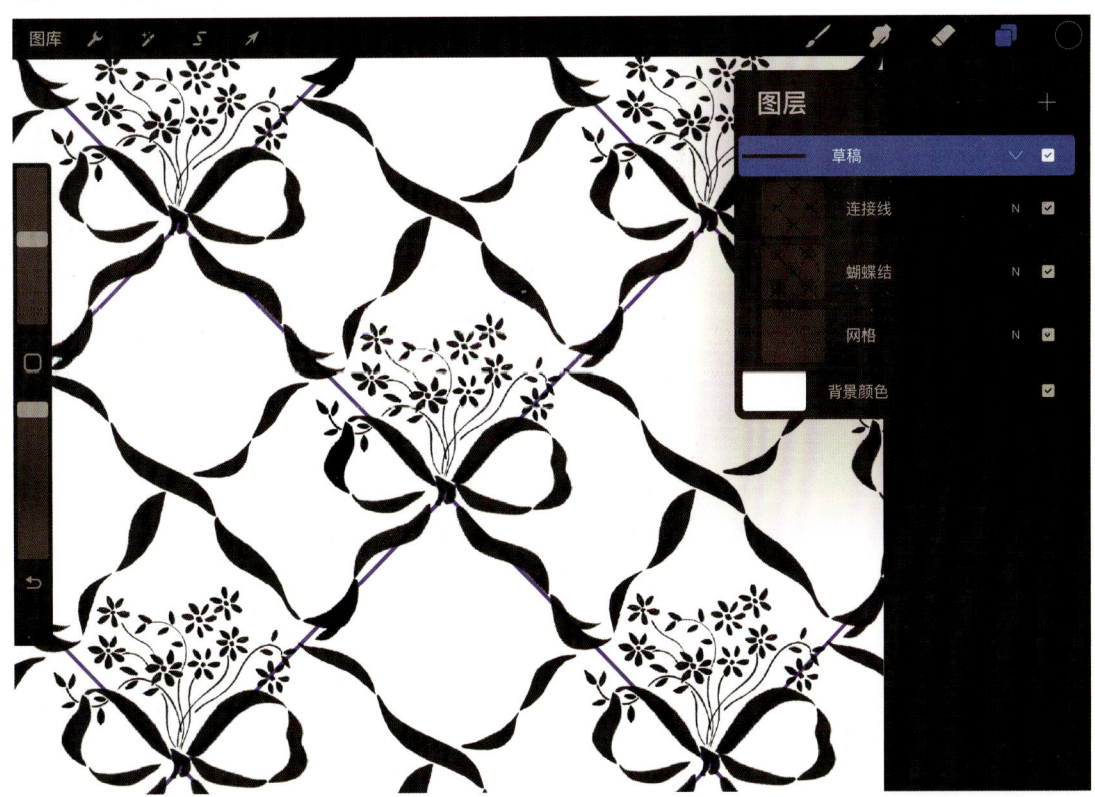

04 绘制刺绣线稿

为了便于观察，将剪影图案调整为绿色。使用"常用笔刷－万能笔刷"吸取黑色来绘制线绣的部分。因为丝带的形状较为饱满，所以选择丝带进行镂空处理，对丝带的轮廓进行描摹，并在镂空处加连接线，来加强面料的稳定性。

05 填充布底

关闭绿色的草稿图层，用灰色来绘制面料的布底部分。目前，黑线代表刺绣，灰色区域代表布底，白色区域代表镂空。为了提高作图效率，可以在"刺绣"图层上使用"自动选区"快速选中需要保留布底的部分。

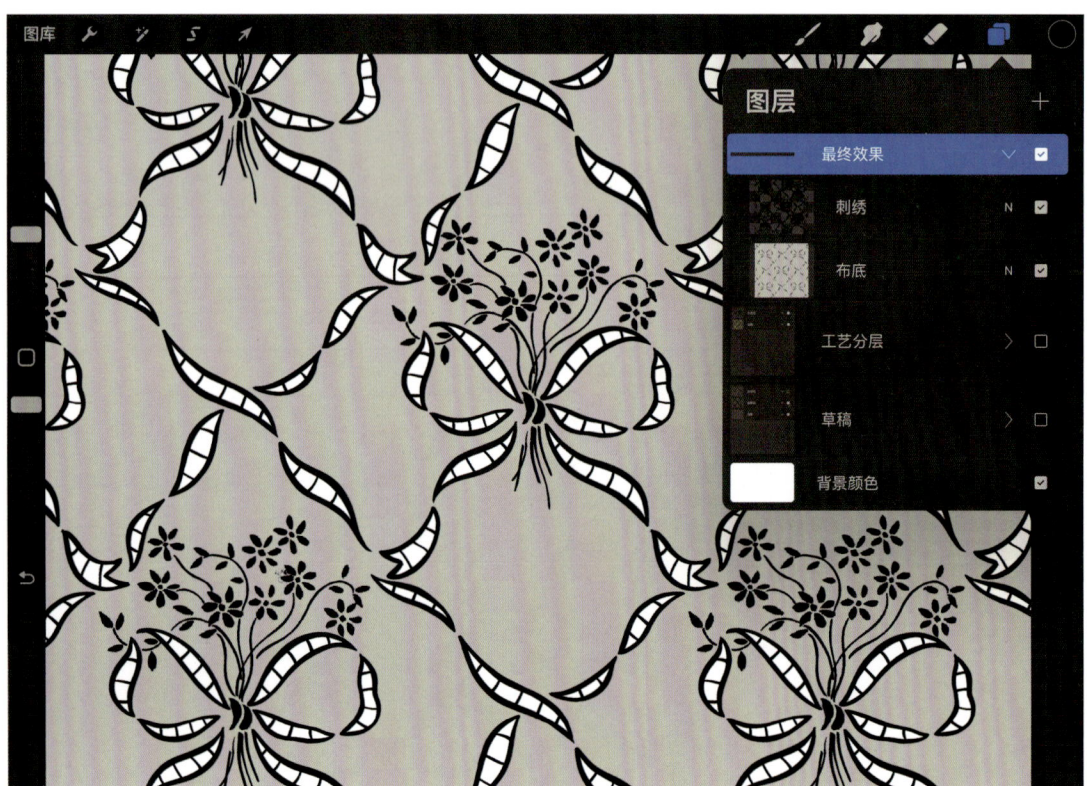

06 调整颜色

确定该案的配色方案后,对分层文件进行调色。将刺绣部分改为白色,将布底部分改为青色,在"布底"图层下方新建图层"背景色"。将"背景色"填充为深灰色,模拟真实的镂空效果。

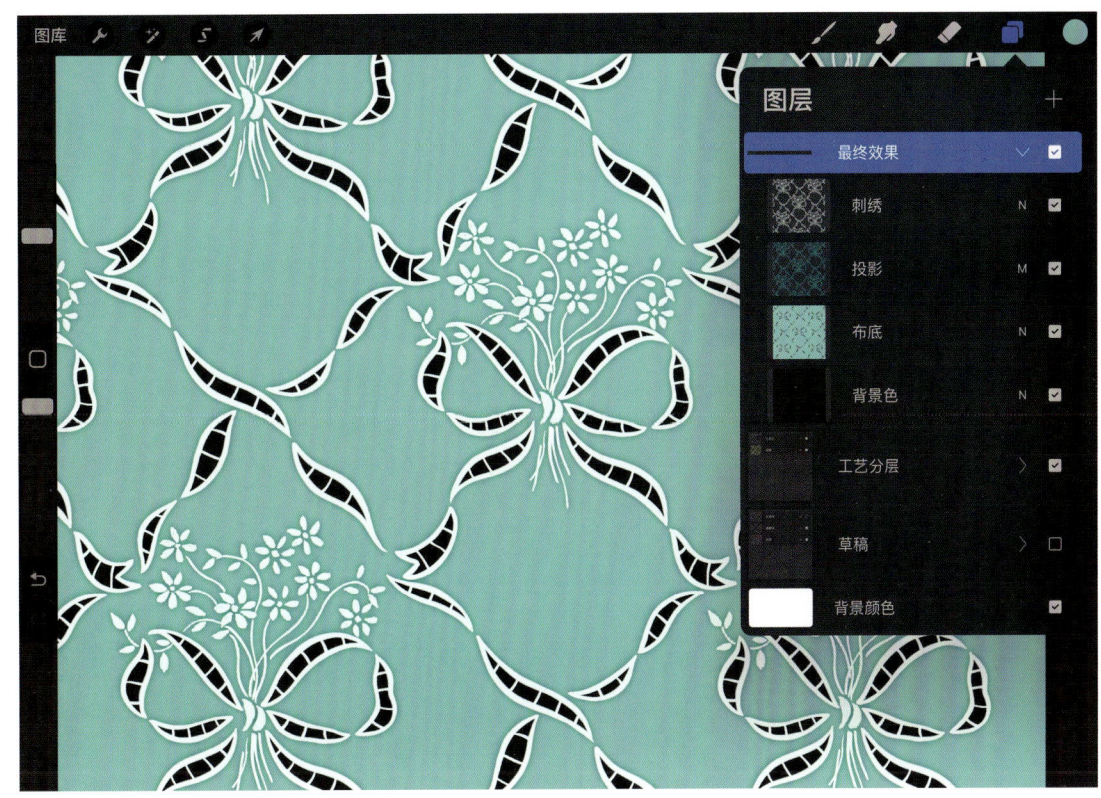

07 制作投影效果并完稿

制作投影效果需要对"刺绣"图层进行拷贝,命名为"投影",将其移动到"刺绣"图层下方,修改颜色为青色,与布底颜色进行匹配。打开"正片叠底"模式,使用"高斯模糊"调整阈值达到3%-5%,即可得到真实的投影效果。

5.3 蕾丝工艺

蕾丝是一种轻盈、透视的织物，通常由棉、丝、麻或合成纤维制成。蕾丝的制作工艺有多种形式，包括钩针蕾丝、结蕾丝和刺绣机蕾丝等。本小节以花卉纹样作为教案，在画面中制作丰富的分区，用于展示结构多变的蕾丝肌理贴图。同学们可以自由探索不同贴图的组合效果。

- **画布尺寸参考**
  宽度 2000px，高度 2000px，300dpi。
- **笔刷参考**
  使用"常用笔刷－万能笔刷"，绘制蕾丝轮廓线；使用"工艺笔刷－蕾丝贴图"绘制蕾丝肌理效果。
- **接版方法**
  循环单元呈竖长方形，接版采用"平铺截取法"，操作原理参考 2.7"接版教程一"。
- **补充信息**
  在随书附赠的素材包中可获得蕾丝贴图笔刷和草稿图稿。

01 绘制草稿－主元素

使用"工艺笔刷－锁边线迹 3"绘制以三朵花为一组的花束元素，注意区分线条的主次关系：花瓣的轮廓线粗，叶子的轮廓线细。整齐排列花束，形成错位排列效果，并用灰色框选出循环尺寸。

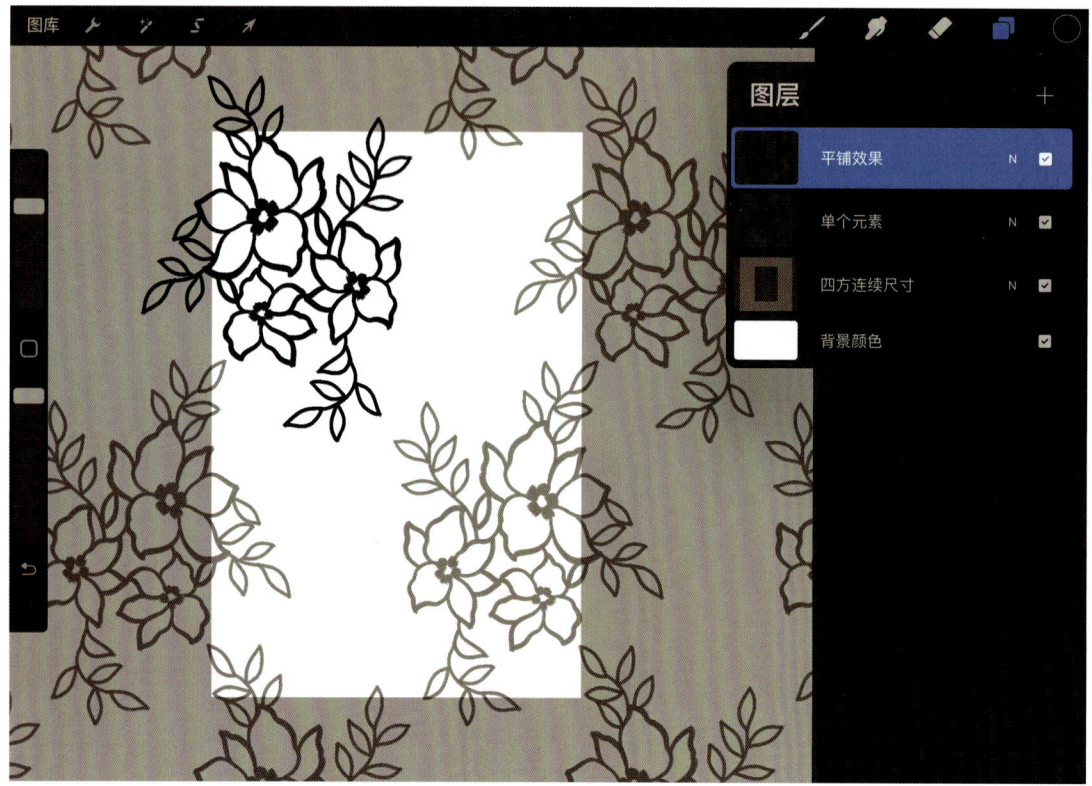

02 绘制草稿 – 完成接版

使用"工艺笔刷 – 锁边线迹 3"在画面的留白处绘制连接线和装饰小花，使花束之间形成多个闭合的分区。将补充的新元素整齐排列，检查循环单元接缝处的细节是否完善。

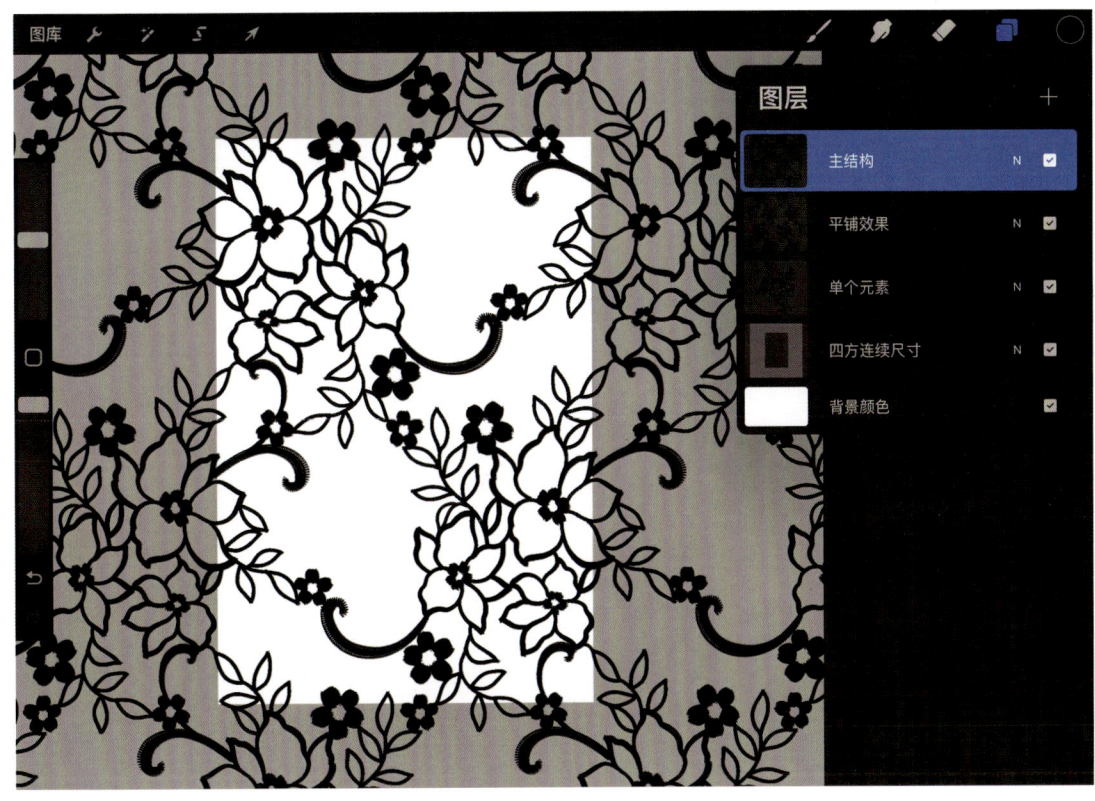

03 调整笔刷参数

使用"工艺笔刷 – 蕾丝贴图"为画面绘制蕾丝肌理。注意，贴图类笔刷的使用方法略有不同。如果你想要调整肌理的尺寸大小，需要点击笔刷，进入"笔刷编辑器"，在"颗粒"一栏中调节"比例"的参数，可以在绘图板中查看效果。

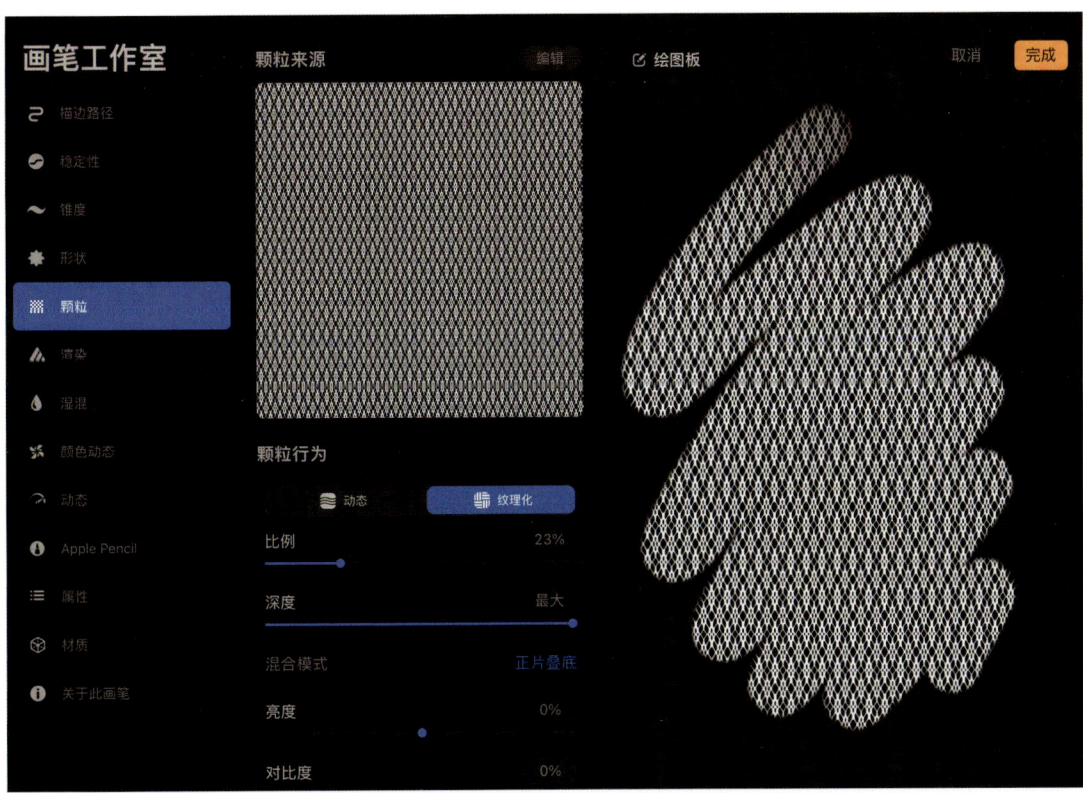

04 绘制蕾丝贴图

我对于贴图的构想是,为花卉和叶子匹配密实的蕾丝贴图,为背景分区匹配松散的蕾丝贴图,用以强调其主次关系。在"工艺笔刷"组里选择两款合适的笔刷对花卉和叶子对应的区域进行涂色填充。

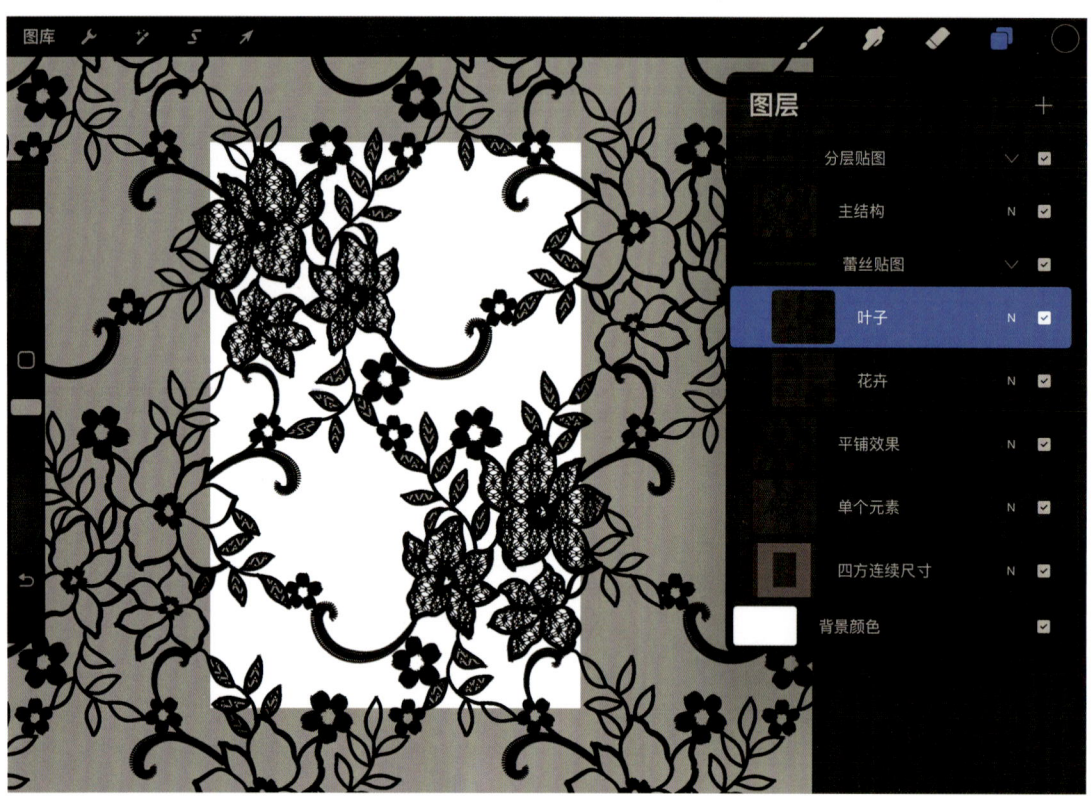

05 完善蕾丝贴图

在"工艺笔刷"组里选择五款不同的笔刷对背景分区进行涂色填充。在挑选笔刷时,大家可以多做尝试,尽可能地选择织法差异较大的款式,以此进一步地丰富花稿的肌理效果。

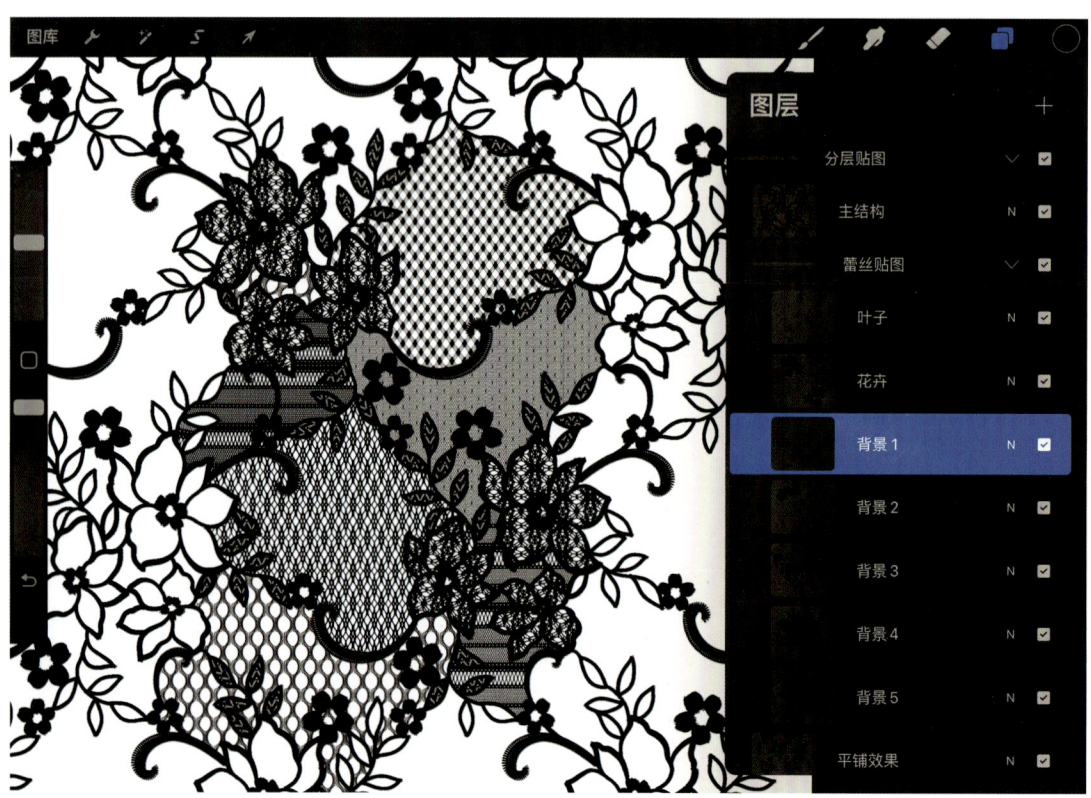

06 调整颜色

确定该案的配色方案后，对分层文件进行调色。将刺绣部分改为米色，将花卉和叶子分别改为粉色和橙色，将背景肌理改为不同明度的浅粉色和浅橙色。将"背景色"填充为暗紫色，模拟真实的镂空效果。

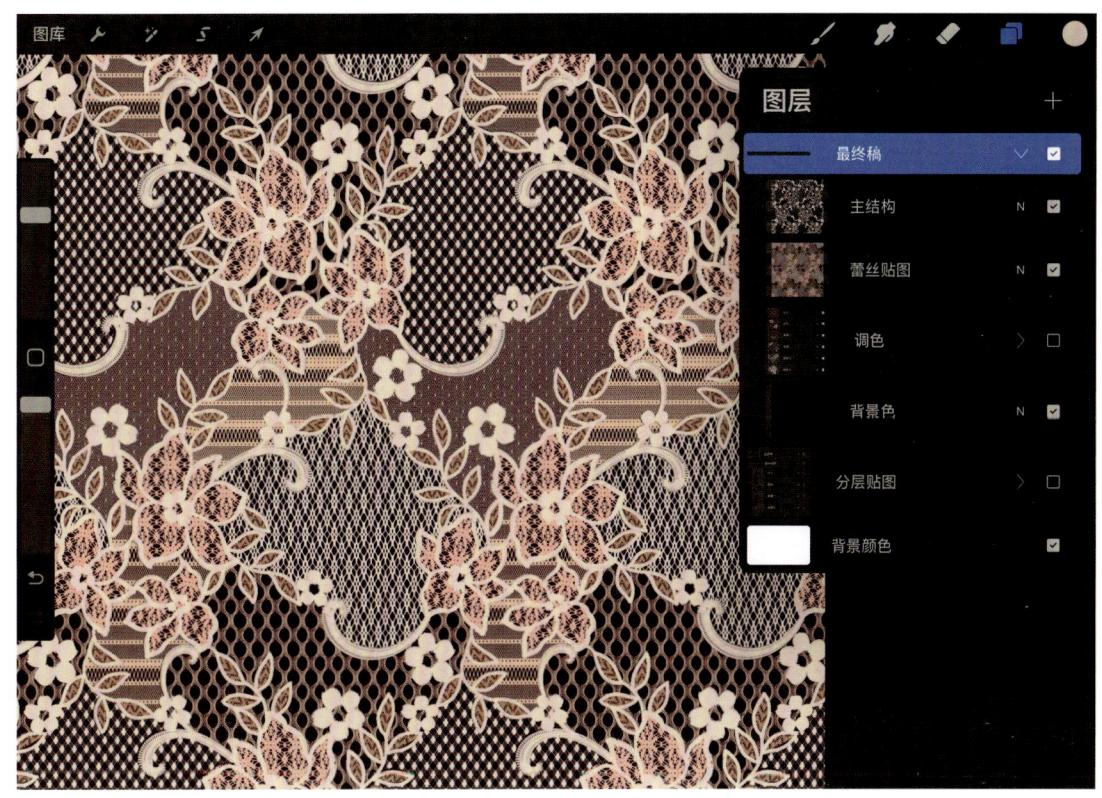

07 制作投影效果并完稿

制作投影效果需要对"主结构"图层进行拷贝，将其移动至该图层下方，修改颜色为粉色，与背景贴图颜色进行匹配。打开"正片叠底"模式，使用"高斯模糊"调整阈值达到3%-5%，即可得到真实的投影效果。

5.4 珠片绣工艺

珠片绣和钉珠是两种流行的装饰性刺绣工艺，它们是通过缝合珠子、金属片、塑料珠片等装饰物到布料上，形成闪亮效果的装饰工艺。本小节以烟花纹样作为教案，将宝石笔刷和珠片笔刷的多种形态进行统一的展示，并展开了笔刷的调整方法，帮助同学们自定义专属的工艺笔刷。

▪ **画布尺寸参考**
宽度 3000px，高度 4000px，300dpi。

▪ **笔刷参考**
使用"工艺笔刷"组里的珠片、管珠笔刷和"宝石笔刷"将色块转化为珠片绣花稿。

▪ **接版方法**
因为元素较大，该图案最终呈现为定位格式，非四方连续格式。对清晰度要求高的同学可放大画布尺寸。

▪ **补充信息**
在随书附赠的素材包中可获得笔刷包和草稿图稿。

01 绘制草稿

使用"常用笔刷－单线"用不同粗细不同颜色的弧线来绘制烟花的散落轨迹。因为在本案例中会用到多种珠片、亮片和宝石的表现形式，所以每一种颜色将代表一种笔刷的笔迹。

02 绘制亮片刺绣工艺效果

使用"工艺笔刷-圆形珠片"分别用银色和金色来描摹草稿中紫色和橙色的线迹。在运笔时,保持线条稳定流畅,弧度优美。为了制造更加自然的装饰效果,可以适当加入断线和点涂的细节。

03 调整笔刷参数

点击笔刷进入"笔刷编辑器",进入"颜色动态"一栏,你可以通过调整"色相、饱和度、亮度、暗度"这四项参数来实现亮片笔迹丰富的颜色变化。这一操作也适用于其他笔刷,在绘图板中可以实时看到笔刷调整后的效果。

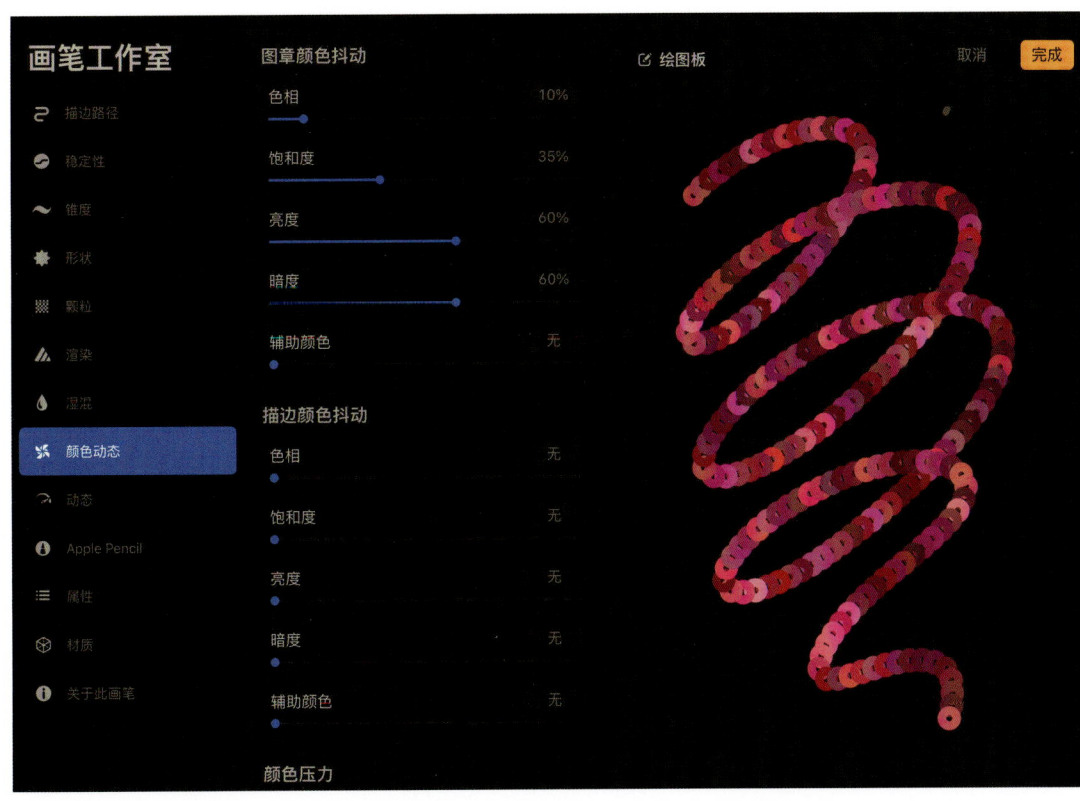

04 绘制管珠刺绣工艺效果

使用"工艺笔刷－长方形珠片＆管状钉珠"分别用银色和金色来描摹草稿中蓝色和粉色的线迹。在运笔时，保持线条稳定流畅，弧度优美。为了制造更加自然的装饰效果，可以适当加入断线和点涂的细节。

05 绘制宝石刺绣工艺效果

在"宝石笔刷"组内找到所有圆形宝石的款式，吸取白色，在画面中以点涂的方式来绘制排列成行的宝石。在绘制时，控制笔刷尺寸，使宝石轨迹呈现均匀的粗细变化。*五角星的宝石是用五个水滴形的宝石拼合而成的。

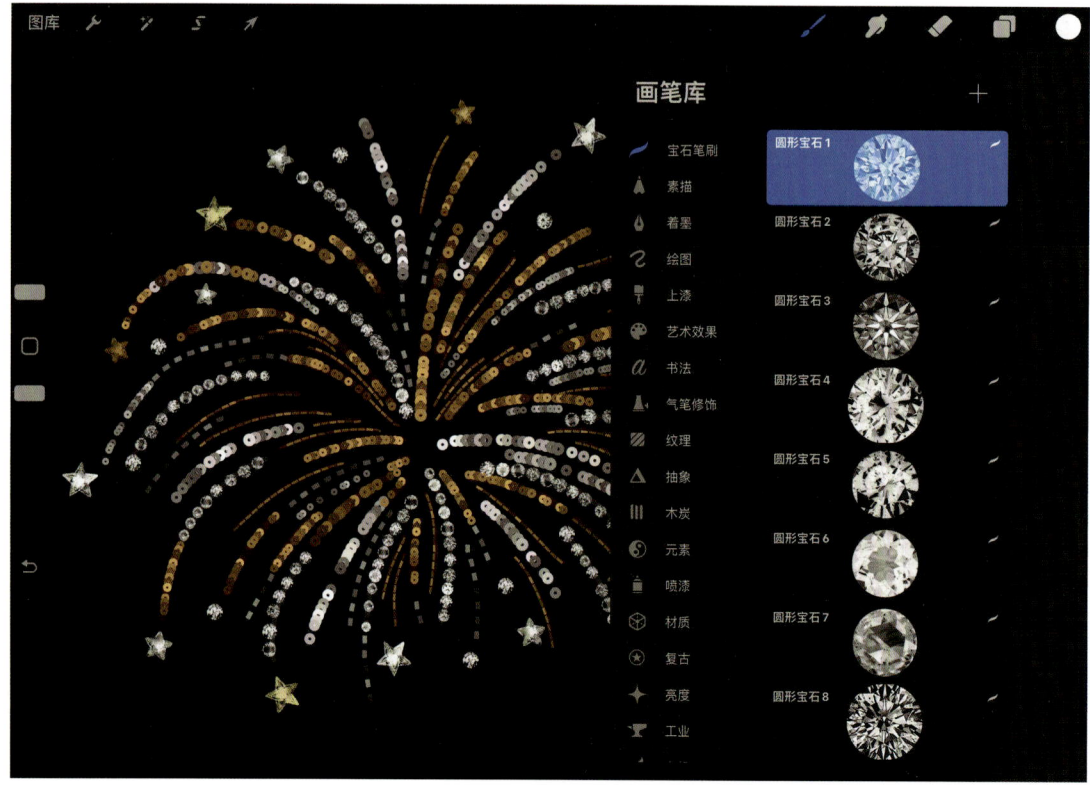

06 增加元素

用同样的方法，在画面下方绘制两个形态相似的小烟花。因为宝石组成的线迹绘制起来较为费时，所以建议直接拷贝现有的线迹，对其进行旋转和删减，放置在小烟花的轨迹上。其余部分，可以用上述同款笔刷来绘制补全。

07 丰富立体效果并完稿

使用"工艺笔刷－圆形珠片"吸取深灰色，在烟花靠近中心的部分进行排线填充。在使用笔刷前，先进入"笔刷编辑器"降低"亮度、暗度"这两个参数，使黑色亮片达到类似暗纹的效果，避免喧宾夺主。

5.5 拼花工艺

拼花是一种将不同颜色、图案和材质的布片缝合在一起形成整体设计的工艺。通常用于制作被子、衣物、手袋等，创造出带有民俗色彩的视觉风格。本小节以太阳花型拼布结构作为教案，带领同学们在复习对称功能的同时，大胆发挥想象力，组合各种花稿来创作一款趣味性的拼花设计作品。

▪ **画布尺寸参考**
宽度 3000px，高度 4000px，300dpi。

▪ **笔刷参考**
使用"常用笔刷－万能笔刷"，绘制几何形的底色。

▪ **接版方法**
因为元素较大，该图案最终呈现为定位格式，非四方连续格式。对清晰度要求高的同学可放大画布尺寸。

▪ **补充信息**
在随书附赠的素材包中可获得分色版本的底色草稿。

01 绘制草稿

打开"画布－绘图指引－对称－径向"功能，用细线确定圆环的内外半径，并将圆环均分为 20 个切片。在正式绘制底色时，用速创手势确定内半径的圆形轮廓。每画一个锯齿形可以得到四个对称形，拷贝并旋转线段，补全外圈轮廓。

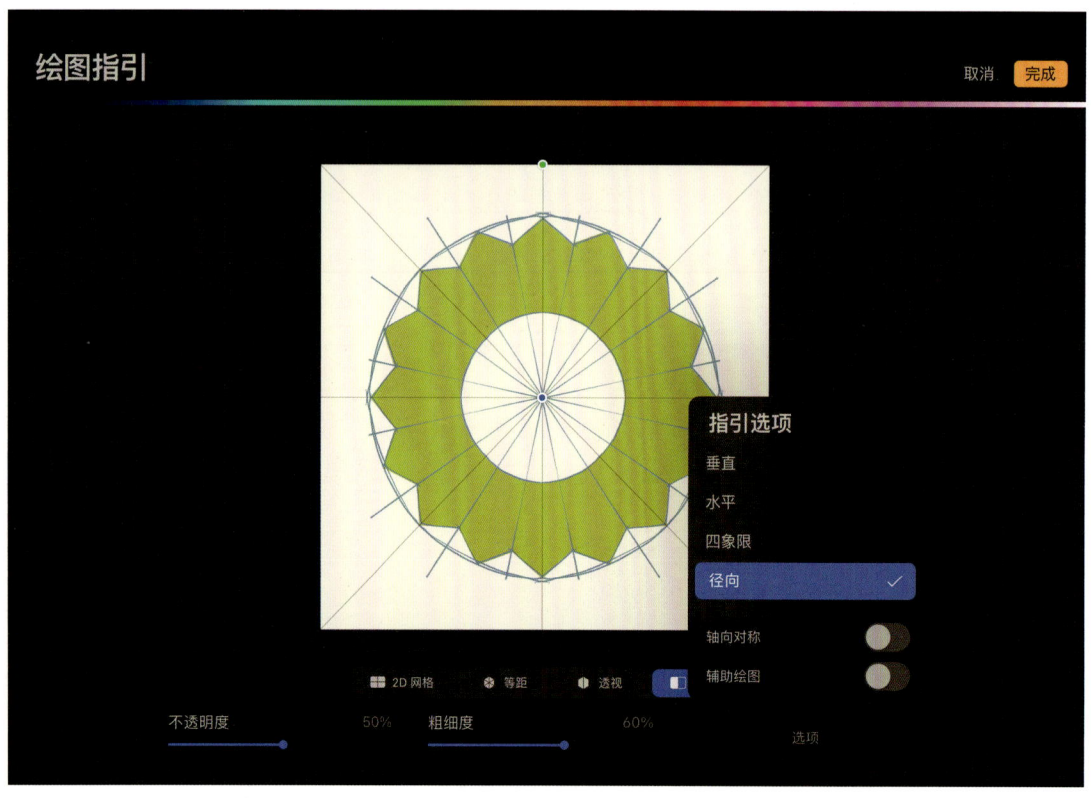

02 底色分色

继续使用对称功能，根据"草稿 2"的圆环分区将齿轮形的底色分为四个部分，分别用四种颜色标识出来，每个底色都呈现为对角分离的四个形状。

* 在随书附赠的素材包中可找到草稿的画稿。

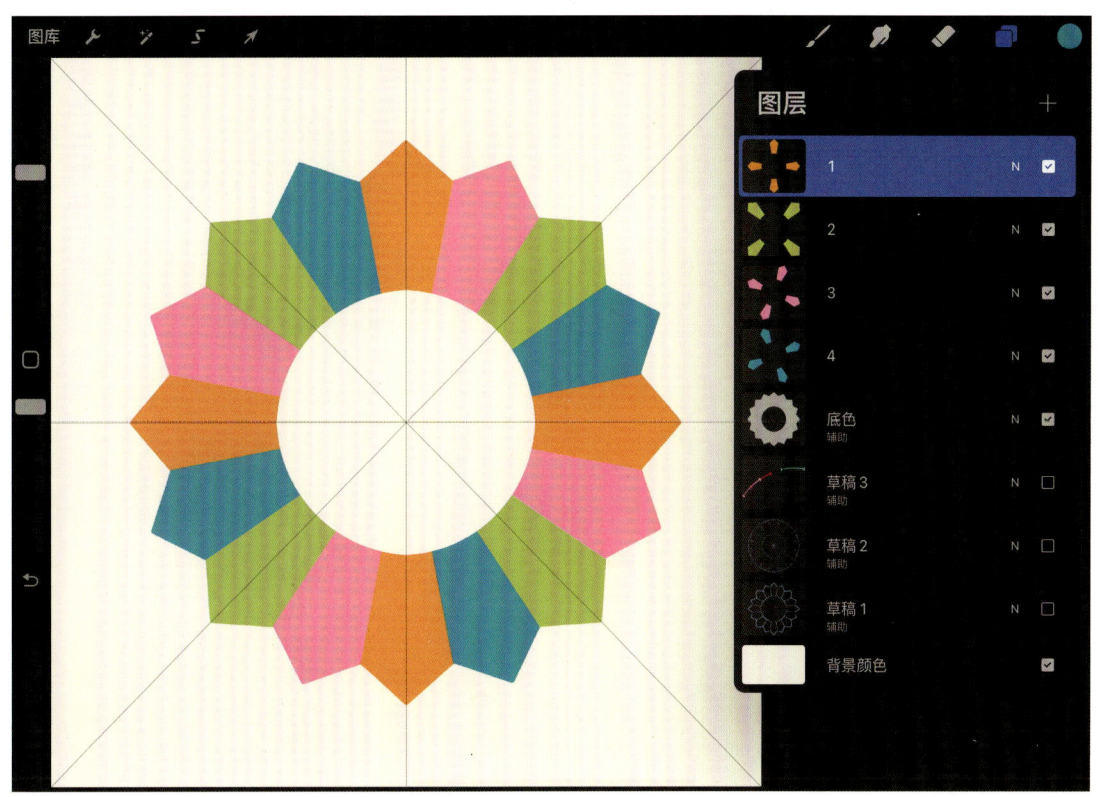

03 贴图步骤一

准备各式各样的印花图案，素材不够的同学可以使用一些精美的照片来替代。在挑选素材时，尽量选择色调类似的图案或照片，这样可以使画面保持和谐。将素材放置在底色上方，以"剪辑蒙版"模式进行叠加。

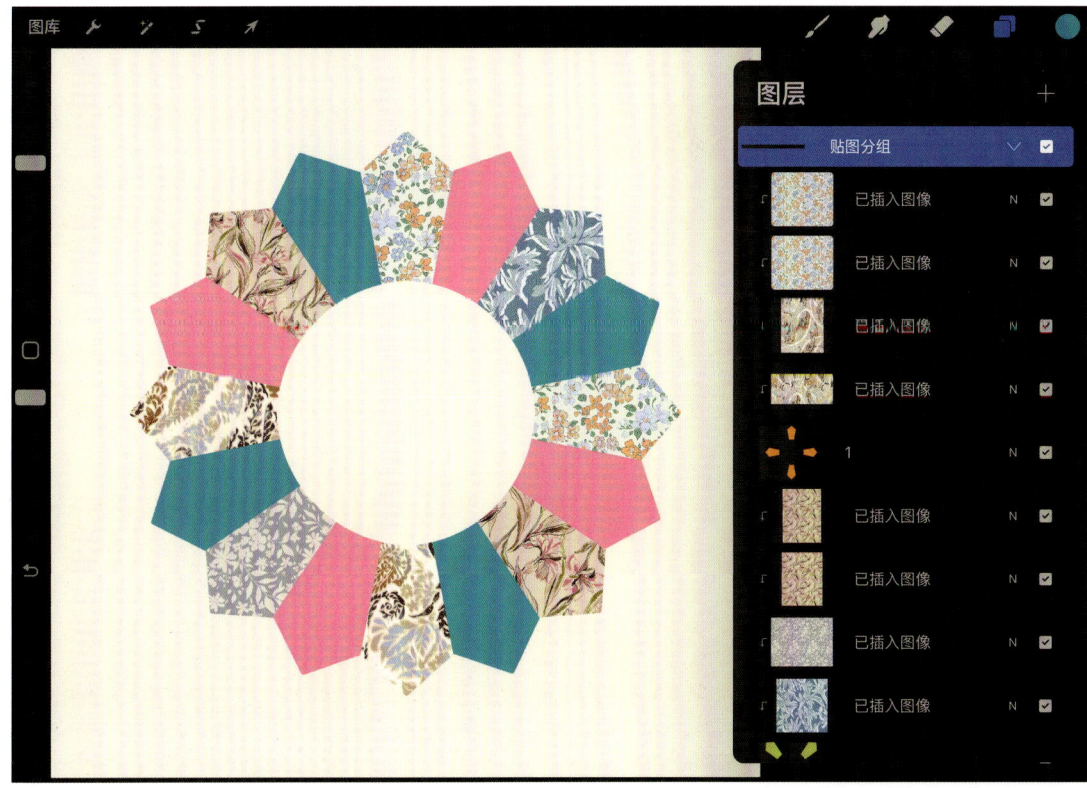

04 贴图步骤二

使用"剪辑蒙版"对四色的底色进行贴图处理。每张素材可以至少使用两次，我们可以通过缩放素材和调色使其产生不同的装饰效果。这样操作既可以节省时间，又可以使素材在结构上有所呼应。

05 调整颜色

确定本案的色调以黄绿色为主，加入少量红蓝色，对所有贴图素材进行统一调色，基础的调色方法请参考 2.5 "基础调色教程一"。注意对于同一种贴图素材，尽可能调整为不同色调，来避免画面中的重复感。

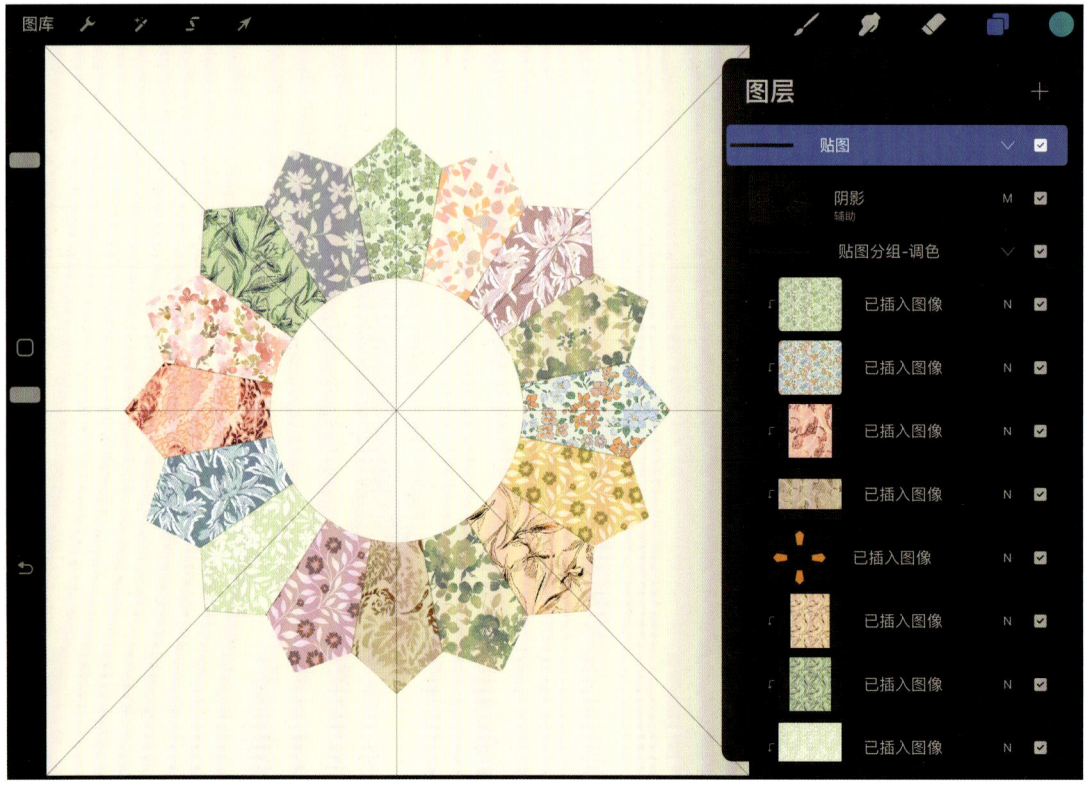

06 排列元素

在贴图素材间的接缝处绘制阴影，模拟现实中面料缝合的凹陷效果。将"贴图"分组里所有的图层备份后合并，拷贝装饰片并在画面中错位排列。因为本案不是四方连续图案，所以可以旋转图案的角度来丰富画面效果。

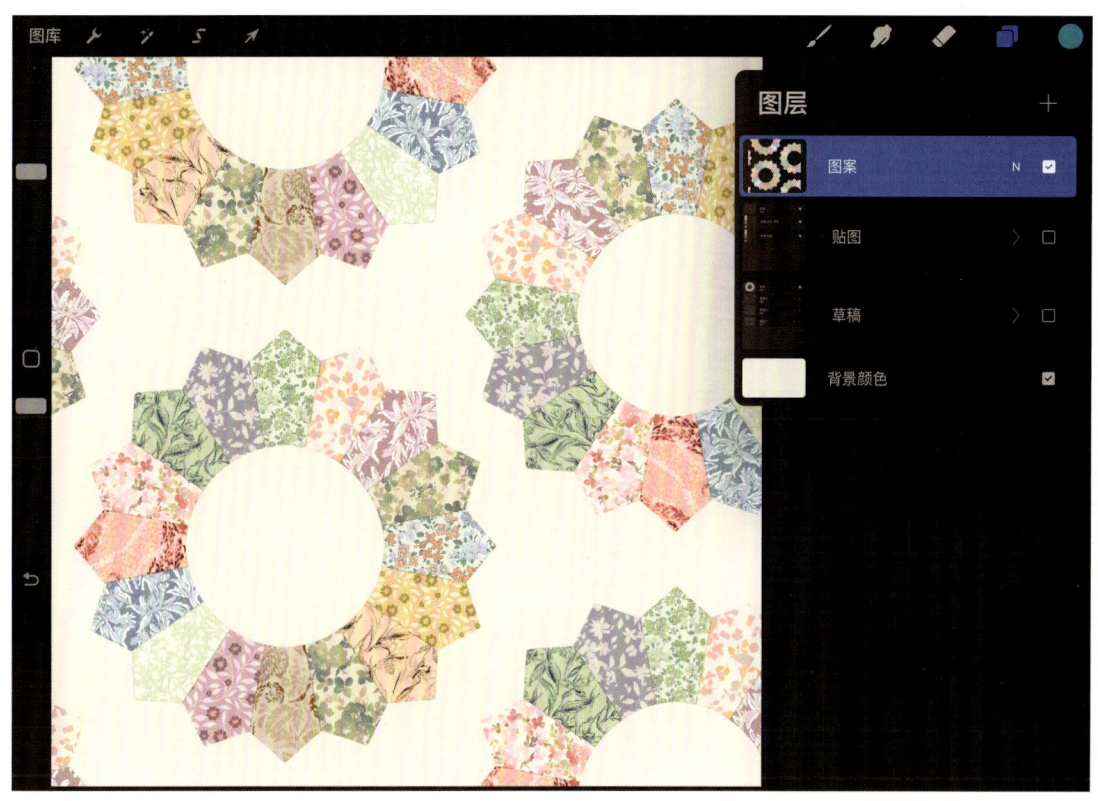

07 完善细节并完稿

使用"工艺笔刷 - 平针线迹"在画面中斜向绘制长线，拷贝平移得到一张网格素材，用来模拟绗缝的装饰效果。用图案的剪影图形填充改色转化成投影，使用"高斯模糊"羽化边缘，强调拼布结构和底色之间的叠加关系。

Chapter

主题图案的构思与表现

　　当大家已经熟悉了各种图案风格和图案相关的服装工艺类型后,就可以考虑将所学的知识融合在一起,尝试创作一个完整的系列图案设计,用一组图案来讲述一个故事。

　　在本章中,大家可以了解到在主题图案创作时,如何对关键要素进行抓取,收集有效的参考图并将其自然地结合在一起。在系列创作中,需要先构思主图——通常为大型定位图案或复杂的四方连续图案,确定系列包含的所有元素和系列的主色调。在完成主图后,将其中的元素拆分重组,延展出更多结构较为轻巧的辅助性图案作品。

6.1 设计灵感

在开始构思系列作品时,你需要选择一个主题或概念,这将作为整个系列的核心。你的主题可以是一种动物或一种植物。当然,为了使画面更加丰富,我会建议你选择一个更加宏大的主题,比如热带雨林、圣诞派对、航海旅行等。

本章节的设计灵感为城市主题,融合了成都特有的文化标识——太阳神鸟图腾、成都市市花木芙蓉和非遗竹编技艺。

整体设计以图腾纹样作为框架,结合竹编风格的线条缠绕呈现;以木芙蓉花作为画面主体,多层花瓣的结构能够赋予画面足够多的细节,并在空白处点缀蝴蝶元素。在配色上,以浅粉和浅绿为主,参考了传统花鸟工笔画特有的淡雅清丽的色调。

① 《荷花和蜻蜓》工笔花鸟画,1946,陈之佛。
② 太阳神鸟纹样,金沙遗址博物馆穹顶装饰。
③ 胎瓷竹编工艺品,非遗竹编技艺。
④ 木芙蓉,原产中国湖南,成都市市花。

第 6 章 主题图案的构思与表现

6.2 系列主图创作

本章节的主图是一幅大尺寸的丝巾作品,将包含木芙蓉花、蝴蝶、竹编、缎带和太阳神鸟等元素。绘图风格以白描勾线为主,水彩上色为辅,强调手绘感线条的装饰性和渐变晕染的自然肌理效果。在配色方面,先简单定色调,等所有元素细化完毕后,统一进行调色处理。

▪ **画布尺寸参考**

宽度6000px,高度6000px,300dpi。

丝巾的实际尺寸很大,为了保证图案的清晰度,大家根据自己设备的能力,尽可能地设置大尺寸的正方形画布。

▪ **草稿绘制**

打开"画布-绘图指引-对称-径向",绘制正方形和圆形框架,以及四个角上的竹编结构。参考太阳神鸟的造型绘制中间的漩涡状结构,用醒目的颜色标识出四只飞行的神鸟。

01 绘制主结构

使用"常用笔刷-万能笔刷"对草稿中的结构线进行描摹,对画面中的阴影部分进行排线处理,使同种类型竹条的粗细保持一致。在绘制漩涡形竹条时,可以通过拷贝旋转来重复利用线稿。为竹编结构选择两种底色。

02 绘制主元素

使用"常用笔刷－万能笔刷"绘制芙蓉花的花叶元素，包括五朵主花和八朵小花。将大小花卉错落地排列在圆形框架上，描绘出枝叶从竹编组织缝隙中生长出来的走向，花卉布置适当避开四只飞行的神鸟，避免完全遮挡。

03 绘制底色分层

在画面的留白处补充更小的花叶元素，结构参考玫瑰花。在元素的排列上，使小型枝叶沿着漩涡旋转的方向，指向画面正中央。拷贝部分竹编结构，将其覆盖在花型上方，加强元素之间的穿插效果，并为每一种元素类型绘制底色。

04 细化元素

确定配色方案后，使用"风格探索－水彩晕染＆水迹印章"对画面中的元素进行明暗刻画和细节塑造。为了强调芙蓉花变色的特性，需要刻意区分出每一朵花卉的色调变化，有浅绿、浅粉和深粉等多种色调。

05 调整颜色

在画面空白处补充多种形态的蝴蝶，注入动静结合之美。在所有元素完成后，用"调整"功能对单个元素或整个画面进行调色处理。下图和右图分别为两种配色方案，下图偏古朴感，右图偏艺术感。

6.3 系列延展设计

在进行系列的延展设计时，可以从系列的主图——丝巾中提取出部分元素，进行二次创作。在本小节中，我将直接使用原稿中的木芙蓉花元素，进行四方连续图案的排布和接版操作。当然，也可以选择提取蝴蝶元素，或将各种元素转化为剪影风格。延展设计的方法多种多样，大家可以大胆尝试。

▪ **画布尺寸参考**

宽度 6000px，高度 6000px，300dpi。

因为元素较大，为了保证图案的清晰度，延展设计案例沿用了原稿的尺寸规格。

▪ **素材提取**

①提取芙蓉花叶部分的线稿和底色，将底色改为白色，与线稿合并。

②新建图层，填充纯色作为新的底色，便于我们查看元素排列效果。

③将新元素导入画布，进行重组设计研究。

01 确定循环单元

选择上图中左下角和右上角两组面积最大的元素，拷贝单独成组。将"1"和"2"组合在一起，构成循环单元的主框架。将"主元素"组合并，拷贝并平移铺开，确定循环单元的尺寸，得到"平铺效果"。

02 补充元素

用灰色框选出循环单元的尺寸。拷贝步骤一中零散的小元素，将其放置在画面中留白的区域。如果画面上还留有空白，可以拷贝一些造型优美的枝叶元素，使其依附在临近的芙蓉花附近，朝向留白处散开放置。

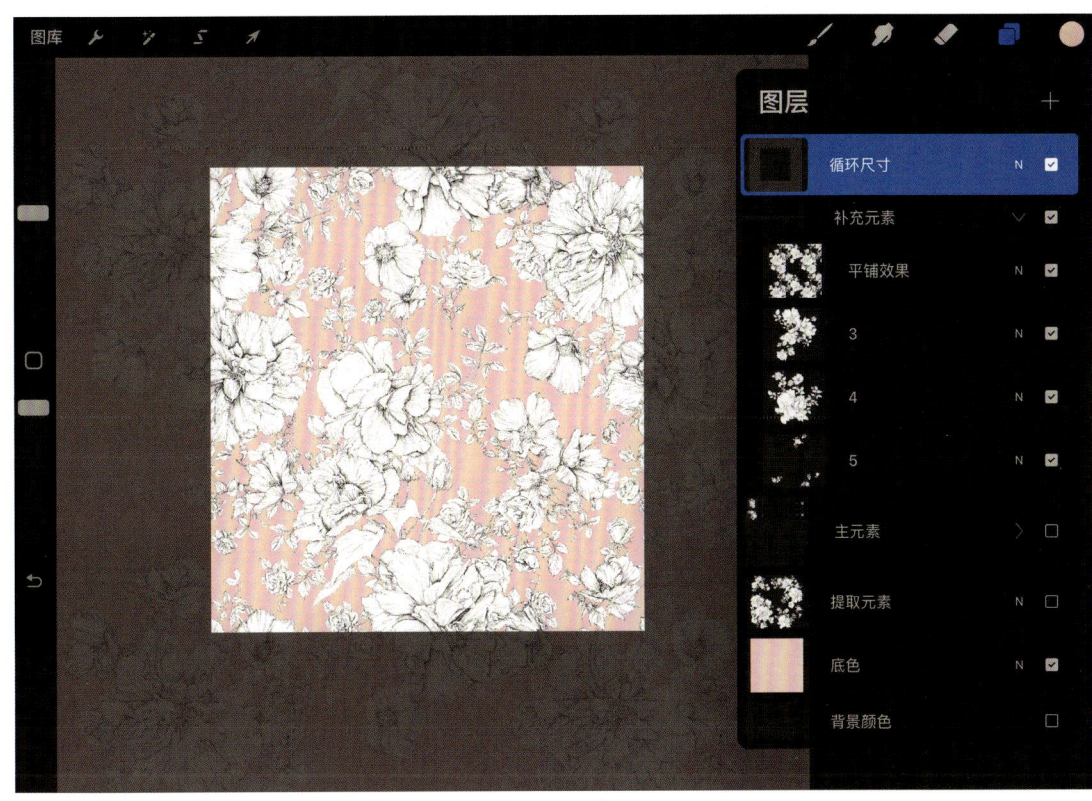

03 完成接版

确定循环单元的元素构成后，将"补充元素"组合、拷贝并平移铺开。观察画面的留白情况和元素的疏密关系，对元素进行微调。重复以上操作，直到整个画面达到平衡的状态。

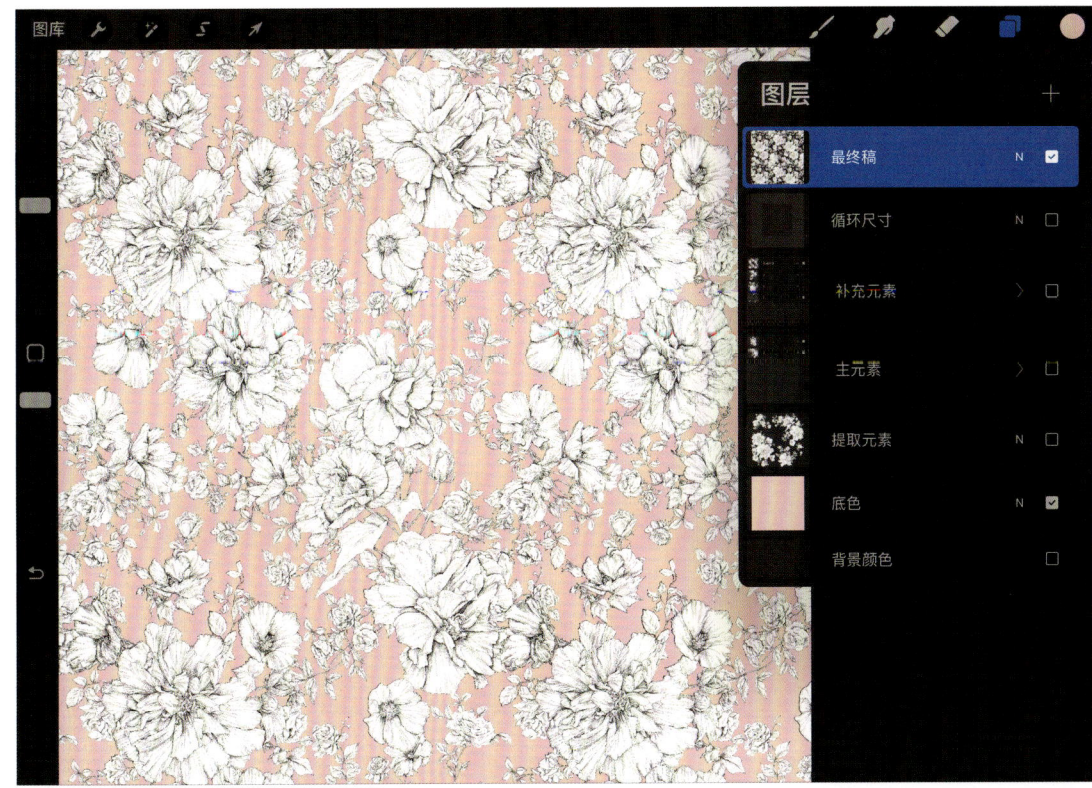

6.4 服装效果图制作

通常图案有两种呈现形式。第一种，花稿格式，可以展示准确的色彩效果和高清的局部细节，且可以直接投入生产。第二种，效果图展示，可以直观地展示图案与服装款式相结合的效果。在本小节中，我们将延展设计的花稿与礼服款式相结合，来查看图案的应用效果。

▪ **画布尺寸参考**
宽度 2000px，高度 2000px，300dpi。

▪ **素材展示**
演示的花稿使用的是上一讲中制作的四方连续图案，大家可以任意选择自己满意的图案作品。关闭背景图层，将透明底的图以 PNG 的格式保存。

▪ **补充信息**
准备一张白色服装的模特上身效果图，建议选择款式简单的单品。基础的贴图教程请参考"2.9 图案填充教程"。

01 预处理素材

使用"手绘选区"将画面中服装的部分框选出来，拷贝并命名为"连衣裙"。复制"连衣裙"图层，使用"调整－曲线"加强素材的明暗对比，使亮部更白，暗部更黑。重命名为"阴影"，放置在图层最上方，打开"正片叠底"模式。

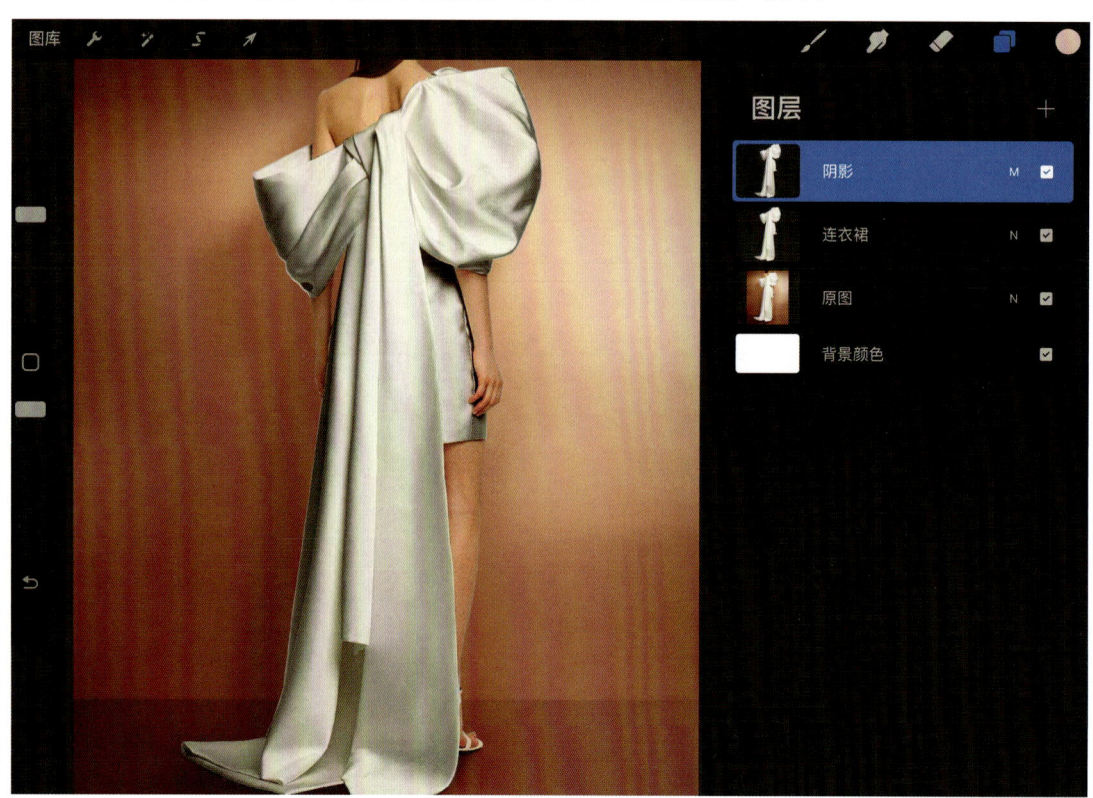

02 贴图方案一

在"连衣裙"上方新建图层,填充为粉色,打开"正片叠底"和"剪辑蒙版"模式,将白色连衣裙变为粉色。置入步骤一中准备的四方连续图案,放置在"底色"上方,打开"剪辑蒙版",调整图案的尺寸和位置,得到粉底白花的效果。

03 贴图方案二

大家可以任意改变"底色"的颜色,以及"底色"和"图案"的颜色混合模式,可以实现丰富的装饰效果。如果大家贴图时,使用的是单张合并的图案素材,直接选择"正片叠底"和"剪辑蒙版"模式叠加在"连衣裙"上即可。

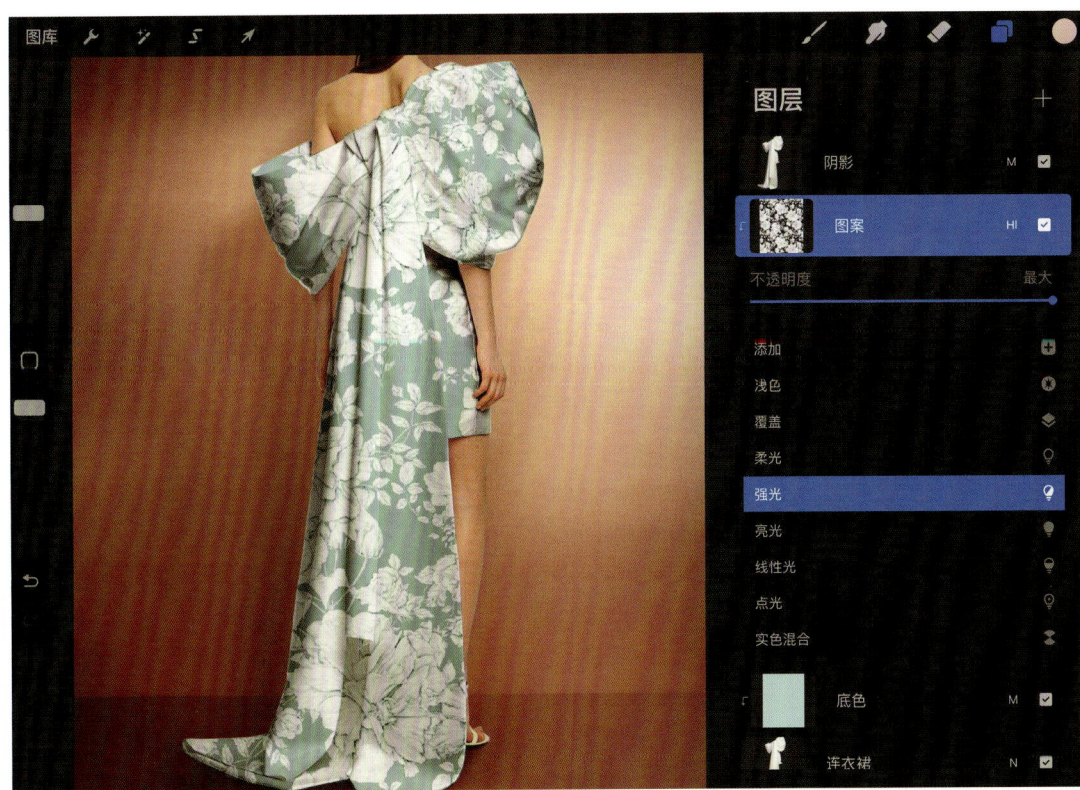

6.5 配饰效果图制作

在一个完整的服装系列中，同一个图案可以重复使用，可以缩放元素的尺寸比例，可以转化为多种配色，也可以与不同的服饰单品结合。这样既提高了图案的使用率，又加强了单品之间的关联性。在本小节中，现有花稿将应用于包袋效果图，展示三种截然不同的风格。

- **画布尺寸参考**
  宽度 2000px，高度 2000px，300dpi。
- **素材展示**
  置入一张白色包袋的效果图。对画面中的包袋主体进行抠图处理，并复制一层打开"正片叠底"模式，作为阴影补充加强效果。
- **补充信息**
  在随书附赠的资料包中可获得右侧包袋的原图稿件。
  基础的贴图教程请参考2.9"图案填充教程"。

方案一

在"方案一"图层组里置入 6.2"系列主图创作"中完成的丝巾图案，打开图层的"剪辑蒙版"功能和"正片叠底"模式。这种图案的应用方式最大程度上保留了主图的细节、配色和构图，取画面中较为精彩的局部进行二次使用。

方案二

在"方案二"图层组里置入 6.3"系列延展设计"中用到的初始花卉素材。打开图层的"正片叠底"模式仅保留线稿元素,并添加粉色的底色。这种图案的应用方式强调花卉的线条之美,取元素组合中较为精彩的局部放大使用。

方案三

在"方案三"图层组里置入 6.3"系列延展设计"中完成的四方连续花卉图案。保留花卉元素的白色底色,并为包袋添加浅咖啡的底色。这种图案的应用方式强调花卉的轮廓之美,突出图案和底色的颜色对比,也保留了线稿细节。

6.6 系列设计展示

　　除了制作图案相关的服饰效果图以外，你也可以用同样的方法制作眼罩、丝带、包装盒等丰富产品效果图，用这样的方式来完成一系列完整的服饰品牌产品设计。如果你想要制作如下这些带有透视形变效果的图样，建议使用 Photoshop 的 3D 贴图功能来辅助操作。

Chapter

AIGC 辅助图案设计应用

在数智技术飞速发展的今天,人工智能生成内容(AIGC)正以惊人的速度改变着设计领域的创作方式。它不仅为设计师提供了全新的创意工具,还重新定义了灵感的获取方式和设计流程。本章将聚焦 AIGC 在图案设计中的应用,探讨如何结合 Midjourney 和 Procreate 这两项作图工具,完成主题性的图案系列作品。

AIGC 能够在短时间内提供多样化的创意视觉效果,为设计师打开全新的灵感之门。然而,AI 生成的内容通常需要经过精心的加工与调整才能满足实际应用需求。在此基础上,Procreate 作为功能强大的绘图软件,为设计师提供了从编辑到完善设计的全流程支持,使得设计的最终呈现更具个性化与专业性。

希望本章能为读者打开一扇通往未来设计世界的大门,激发更多灵感与创造力。

7.1 设计灵感收集

在本章的作品创作中,设计主题确定为"马戏团狂欢节"。

在人工智能生成工具 Midjourney 中输入关键词,比如马戏团主题海报、复古色调、扁平化风格、节日氛围……可以得到大量与主题相关的氛围感插画素材。我从中选取了一些贴合目标创作风格的素材进行展示,并进一步提取和确定创作的主要元素为:动物杂技、动物演奏团、彩旗、气球、菱形格、小丑和扑克牌。

7.2 设计风格延展及元素收集

在确定了设计主题和主要构成元素后,作品有了更清晰的框架,也就可以在Midjourney中输入更加精准和详细的关键词,来快速获取多样化的图案设计方案以及可以直接转化的创作素材。

图案设计风格方案一

方案一的基本构思为,以菱形格为底纹,扁平化风格,柔和色调;以马戏团的动物元素为浮纹,白描风格,黑白色调。

关键词参考:图案设计、彩色菱形背景、黑白线条动物元素、马戏团主题、充满活力但平衡的构图、复杂的线条、精致的细节、四方连续模式。

图案设计风格方案二

方案二的基本构思为,以英语字母表为灵感,将大写英语字母和动物元素结合使用,扁平化风格,柔和色调。

关键词参考:图案设计、装饰字母、带动物插图的字母表、丝网印刷风格的动物插图、扁平化风格、柔和色调、简约和谐的构图。

图案设计风格方案三

方案三的基本构思为，从条状的瀑布式结构出发，将波浪纹和马戏团元素结合，制作出具有节奏感的适用于墙纸和壁纸功能的作品。

关键词参考：波浪条纹、四方连续模式、复古色调、马戏主题元素、马戏团帐篷、杂技演员、充满活力和动感的构图、大胆而和谐、创意和活力的情绪。

创作素材收集

在大致确定了图案风格后，我们可以继续使用 Midjourney 来生成一些可以直接描摹的创作素材。在这一步中，我们可以输入更加明确的关键词，比如拿着指挥棒的老鼠、穿着乐团服装、指挥家、动物表演、白色背景；双手放在胸前的北极熊、拿着节日旗帜、戴着围巾、杂技表演、白色背景。

7.3 方案一的转化实践

方案一的草图配色柔和，元素刻画精致，其形态已经基本接近成稿预期的效果。

草图需要改进的部分是：元素替换，加入造型更精美的动物形象；丰富配色，加强糖果色的组合运用；丰富构图，强调不同体型的动物元素的大小对比，并将其错落地排布在画面中，与菱形格背景错开。

▪ **画布尺寸参考**
宽度 3000px，高度 4000px，300dpi。

▪ **笔刷参考**
使用"常用笔刷－万能笔刷"，绘制菱形格纹，动物元素的线稿和底色。

▪ **接版方法**
循环单元呈竖长方形，接版采用"平铺截取法"，操作原理参考 2.7 "接版教程一"。

▪ **补充信息**
在随书附赠的素材包中可获得动物元素的参考图。

01 绘制底纹

打开"画布－绘图指引－对称－四象限"功能，在画面中心绘制一个菱形。拷贝菱形，平移排列，以二十四个菱形为一组，确定循环单元的尺寸。对"菱形格纹"图层打开"阿尔法锁定"，依次吸取目标颜色对每个菱形进行涂色改色。

02 绘制主元素

置入在上一小节生成的动物素材，进行描摹处理，将其转化为精致的白描风格图案。在刻画细节时，注意利用线条的疏密变化来表现不同结构的轻重关系。在排列元素时，注意大小动物的体型对比和错落的位置关系。

03 完善细节并完成接版

确定循环单元的元素构成后，对画面的细节部分进行补充和完善。可以在动物之间的留白区域加入气球、小球和彩带装饰，或者在菱形格上增加代表扑克牌花色的图形。

7.4 方案二的转化实践

方案二的草图配色柔和，排列较为呆板，能给创作提供一个基本的框架。

草图需要改进的部分是：元素替换，加入方案一中的动物形象，补充字母元素；丰富配色，参考方案一的配色进行调整；丰富构图，使背景中的方格大小错落地排布在画面中，动物元素与方格错开，产生富有变化的互动效果。

▪ **画布尺寸参考**
宽度 4000px，高度 3000px，300dpi。

▪ **笔刷参考**
使用"常用笔刷－万能笔刷"，绘制方格背景和字母元素；使用"几何底纹"笔刷包为方格增加几何肌理。

▪ **接版方法**
循环单元呈竖长方形，接版采用"平铺截取法"，操作原理参考 2.7"接版教程一"。

▪ **补充信息**
在随书附赠的素材包中可获得笔刷包和动物元素的参考图。

01 绘制底纹

确定色调柔和的配色组，使用"常用笔刷－万能笔刷"在画面中绘制比例各异的长方形。以八个长方形为一个元素组，竖向平移排列，横向错位排列，形成乱中有序的构图形式。

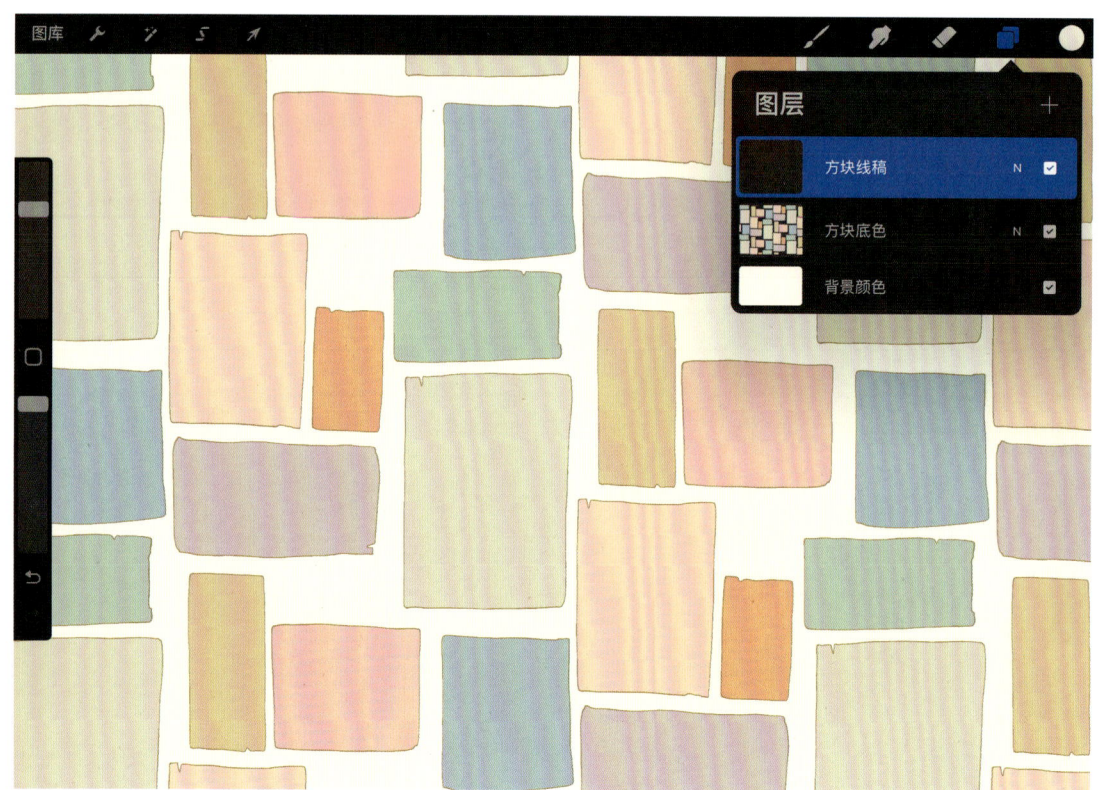

02 绘制主元素

用灰色框选出循环单元的尺寸。置入在上一小节绘制完成的白描动物元素，错落地放置在循环单元内。在留白区域补充代表马戏团的"CIRCUS"英语大写字母图形，注意字体的风格和绘制手法与动物元素保持一致。

03 完善细节并完成接版

使用"几何底纹"笔刷组里的条纹肌理笔刷在背景上绘制装饰条纹。该笔刷包的使用方法参考 5.3 "蕾丝工艺"中"蕾丝贴图"笔刷的使用教程。用同样的方法，为不同颜色的长方形色块增加丰富的装饰肌理。

7.5 方案三的转化实践

方案三的草图元素构成丰富，结构活泼有趣，给创作提供了全新的思路。

草图需要改进的部分是：元素替换，将草图中意味不明的元素全部替换；调整配色，配合方案一和方案二中的色彩基调进行修正；丰富构图，从灵感图中提取更多素材融入作品，使元素之间产生有趣的互动效果。

▪ **画布尺寸参考**
宽度3000px，高度4000px，300dpi。

▪ **笔刷参考**
使用"常用笔刷－万能笔刷"，绘制波浪纹背景和所有新元素的底色和细节刻画。

▪ **接版方法**
循环单元呈横长方形，接版采用"平铺截取法"，操作原理参考2.7"接版教程一"。

▪ **补充信息**
在随书附赠的素材包中可获得动物元素的参考图。

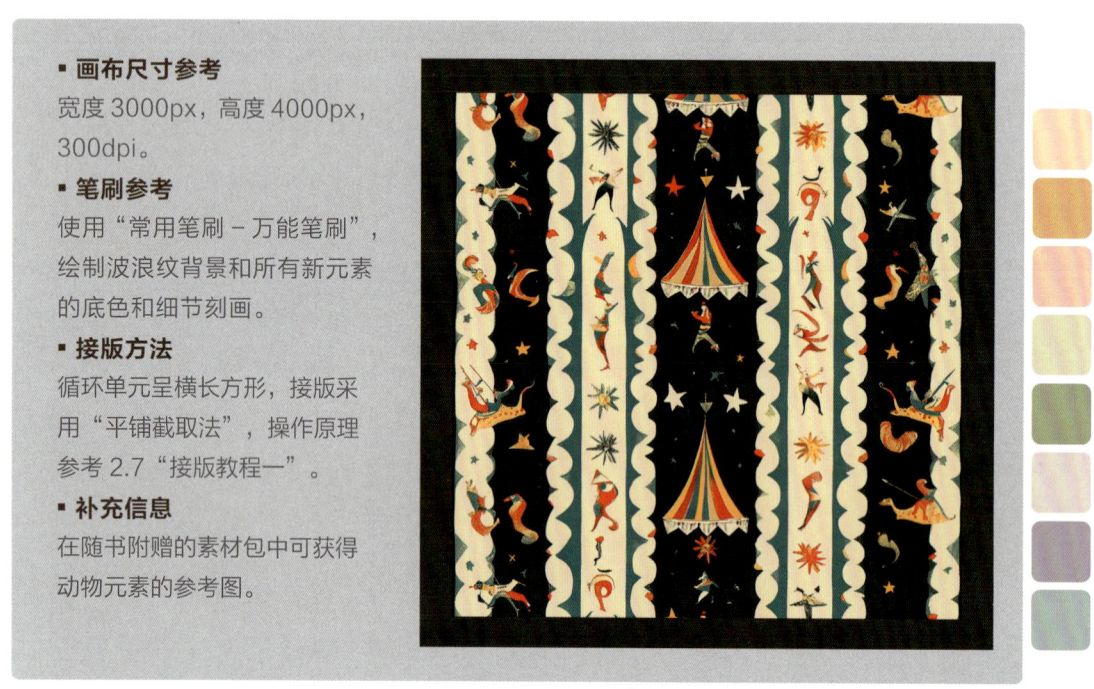

01 绘制底纹

置入草图，对其进行预处理，快速得到接近成稿的配色效果。对草图使用"渐变映射"，将其转化为柔和的色调。使用"自动选区"点选并拷贝背景中的颜色区域，进一步微调，确定大致的配色方案。

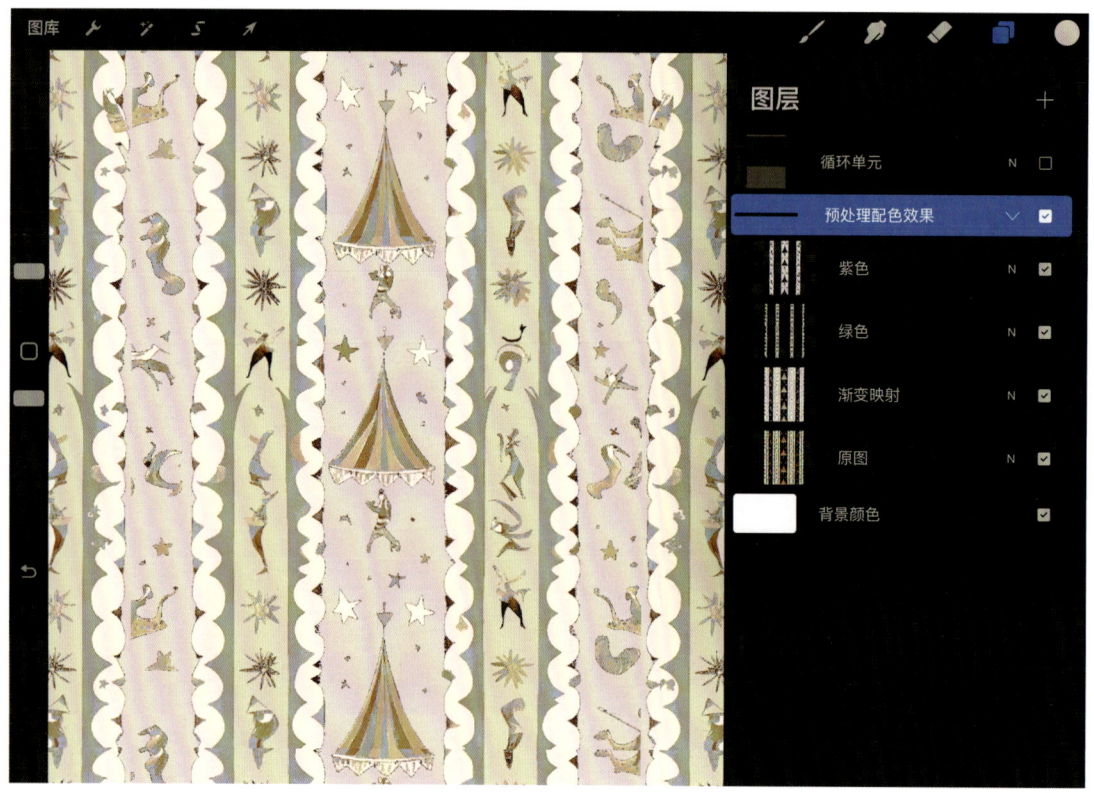

02 绘制主元素

使用"常用笔刷-万能笔刷"对背景中的波浪条纹进行描摹细化。置入在7.3"方案一的转化实践"中绘制完成的白描动物元素，沿着条状背景依次排列，并补充草图中的马戏团帐篷元素，注意绘制手法与置入的动物元素保持一致。

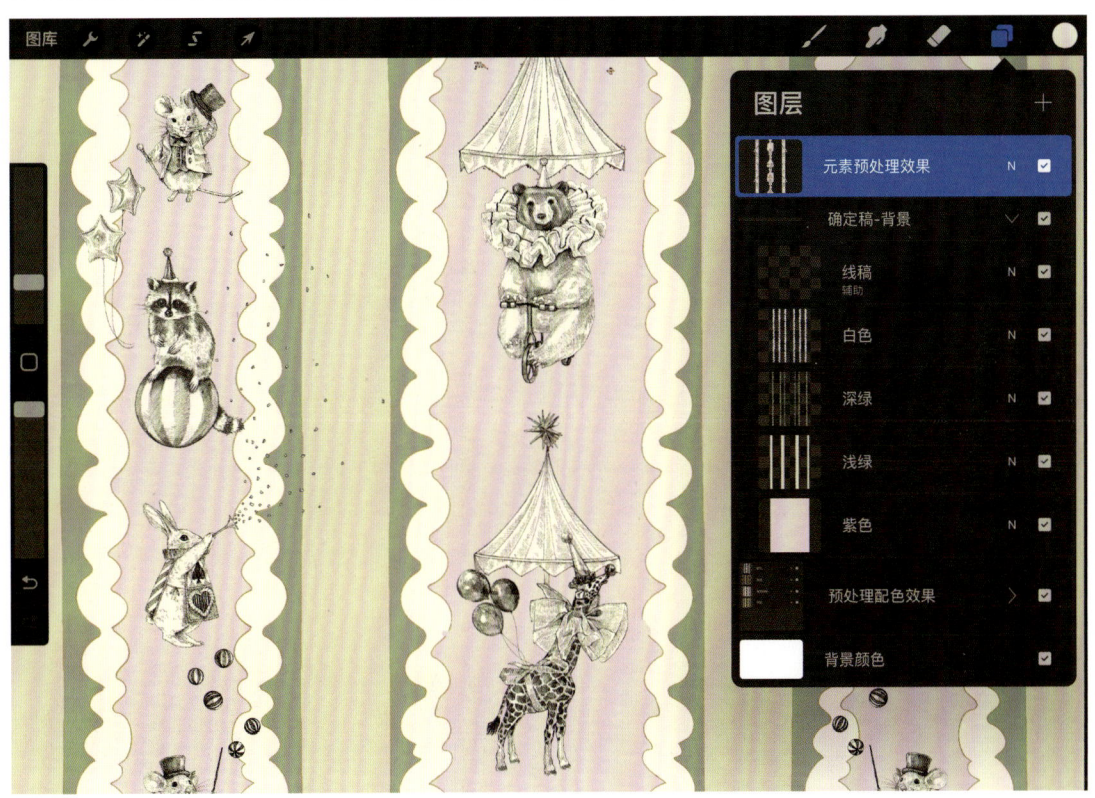

03 完善细节并完成接版

在画面的留白区域加入星星、小鸟、玻璃球、小丑等装饰，并用彩带将相邻的区域连接起来，构建起元素之间的互动关系。参考方案一与方案二的配色，对作品进行调色，使元素之间的用色相互呼应，和谐共存。

7.6 系列设计展示

第六章为大家展示了服饰类和家居类的产品效果图,本章的教案则更偏重文创类的产品品类。你可以将图案应用在阳伞、笔记本、胶带和手机壳等更加常用的品类中。如果你想要制作如下这些带有透视形变效果的图样,建议使用 Photoshop 的 3D 贴图功能来辅助操作。

The true secret of happiness lies in taking a genuine interest in all the details of daily life.

- William Morris

后记

时隔三年，我很高兴能够再一次与壹衿时尚教育和东华出版社合作，编写这本图案设计相关的教材，以此作为上一本时装画教材的延展内容，也为我开启了绘画教学的全新视角。

在本书编写的过程中，我欣喜地发现学习图案创作不仅是服装设计师加强职业竞争力的途径，也是业余绘画爱好者得以熟悉绘画工具，了解绘画风格，并在学与练交替的过程中激发出好奇心和创作欲的过程。你可以带着目的进行学习，那样你的学习效率会很高，能够将书中知识尽数掌握。你也可以抱着开放的心态做一些简单的尝试，就像页面上方引言所表达的"幸福的真正秘诀在于对日常生活的所有细节产生真挚的兴趣"。你可以通过画笔，通过图形组合来表达你的喜好、审美和情绪。

在教案的选择上，我尽可能地做到了精简、丰富和全面。通过全书的阅读，大家可能会发现，我个人偏好明亮鲜艳的图案风格。因为饱满的图形和丰富的色彩能够传递积极正向的能量。同时，我也希望能把我最擅长的绘画风格和操作技巧，与时下流行的作图软件结合起来，一起分享给你们。

每个人的创意都是独特的，而图案设计正是展现你个人风格的最佳方式。希望这本书能帮助热爱画画的你找到更多乐趣，也找到自己独有的绘画语言。